零废弃

不塑、不浪费、不用倒垃圾的生活革命

Zero Waste

Simple Life Hacks to Drastically Reduce Your Trash

[德] 苏小亲（Shia Su）著

刘卉立 译

民主与建设出版社

·北京·

图书在版编目（CIP）数据

零废弃 /（德） 苏小亲（Shia Su）著；刘卉立译
. -- 北京：民主与建设出版社，2020.11
书名原文：ZERO WASTE：WENIGER MÜLL IST DAS NEUE GRÜN
ISBN 978-7-5139-3209-7

Ⅰ. ①零… Ⅱ. ①苏… ②刘… Ⅲ. ①废物综合利用 - 普及读物 Ⅳ. ① X7-49

中国版本图书馆 CIP 数据核字 (2020) 第 172253 号

著作权合同登记号 010-2020-6136

Shia Su,Zero Waste,weniger Müll ist das neue grün
Originally published in Austria by Freya Verlag GmbH,2018

零废弃
LING FEIQI

著　　者（德）苏小亲（Shia Su）
译　　者 刘卉立
责任编辑 程　旭　周　艺
封面设计 张艾米
出版发行 民主与建设出版社有限责任公司
电　　话（010）59417747 59419778
社　　址 北京市海淀区西三环中路 10 号望海楼 E 座 7 层
邮　　编 100142
印　　刷 三河市东兴印刷有限公司
版　　次 2020 年 11 月第 1 版
印　　次 2020 年 11 月第 1 次印刷
开　　本 710 毫米 × 960 毫米　1/16
印　　张 15
字　　数 184 千字
书　　号 ISBN 978-7-5139-3209-7
定　　价 52.80 元

注：如有印、装质量问题，请与出版社联系。

献给我妈妈

各界赞誉

- 这本书是我们启动零废弃生活的最佳指南，内容信息丰富、有趣、平实，而且容易实行。作者苏小亲提供了许多简单的概念，让减少垃圾变得轻松又方便。

——英格·埃塔霍特（Inge EchterhÖlter）

环保网站 Gruenish.com 创办人

- 阅读本书，就像是有个很棒的零废弃生活实践者朋友牵着你的手，一步步引领你走在这条道路上。这本实用指南浅显易懂，让零废弃生活变得简单可行，十分诱人。翔实的研究加上作者的幽默和魅力，这本书解答了对零废弃生活的所有疑惑。从家庭环保到随时随地避免制造垃圾，作者将全书分成了去哪里买（即使你家附近没有提供无包装商品的零售商店）、备餐计划、外食和个人身体护理等主题，不一而足。本书指出，控制自己的消费，让自己成为问题的解决者而不是制造者，可以是一件轻松又有趣的事情！

——雅莉娜·史瓦兹（Ariana Schwarz）

零废弃组织 Paris-to-Go.com 创办人

- 苏小亲写了一本实用的零废弃生活指南。她在书中阐明了自己的价值观，很好地提醒了我们过零废弃生活一点都不难，是可以达成的！谢谢你分享了自己的明智观点。

——安妮塔·樊戴克（Anita Vandyke）

零废弃生活实践者

- 这本书面面俱到又实用。在聚焦于解决之道的同时，作者也阐明了零废弃运动背后的前提，也触及了一些与废弃物的核心问题相关的更重要议题。她提到自己所做的零废弃选择，也为读者提供了一些可替代的零废弃选项，鼓励读者找到适合自己的方法。对于想要在这星球上过一个更简约生活的人来说，本书是很有用的资源。

——琳赛·迈斯（Lindsay Miles）

环保网站 Treading My Own Path 创办人

- 苏小亲做了一件很棒的工作，让零废弃生活变得深具吸引力、实用又有趣。本书内容不仅浅显易懂，而且立即就能轻松上手。我要把这本书推荐给所有打算要开始踏上自己的垃圾减量之旅的人——你会从书中找到许多启发和点子，督促你开跑。

——克莉丝汀·刘（Christine Liu）

博客“简单生活映像”博主

- 希雅针对零废弃生活背后的理念提出了质问，并为每个人提供了实用的具体解决方法。《零废弃》不仅对新手是一本详尽的绝佳实用指南，大多数的资深零废弃生活者也能从中受益良多。我希望可以把书中更多的点子融入我的日常生活中。这绝对是一本内容精彩、言之有物的书！

——艾咪·卢卡斯（Immy Lucas）

Youtube 频道“永续纯素者”创作者

推荐序 1

“零废弃”幸会大健康

《零废弃》是一本精彩好书，好就好在，作者讲通了在收获无限乐趣的同时，还自然而然为环保做贡献的道理和途径。该书译自德文原稿，叙述中弥漫着德国文化的严谨，更是译者倾力完成的信、达、雅力作。

从生态环境的视角而言，《零废弃》一书旨在友善地唤醒广大公众的觉悟，耐心地完整复盘和点评社会个体们的日常生活素养，并轻松自如地编织和连接到全球生态环境演化的进程和趋势中，自然而然地，示范了一种其乐无穷的、迥异于社会任务负担的、生态环境友好的生活时尚。

当前的国内生态环境职能机构，不断修订各种复杂的规划和计划，旨在有效应对当下、近期、远景中的资源环境生态挑战。公众零散地、间歇地了解和感受得到这种压力的巨大。其中之一，城市垃圾数十年来通行的收集、中转、运输、抵达专门建设投运的城市垃圾卫生填埋场，进行卫生填埋处置，这种技术处置模式，已经遇到了资源和风险瓶颈制约。制约因子包括：土地资源紧迫性限制、处置方式不可逆性、处置场所不可持续性、现有处置容量不断减小、新选址对周边居民安全防护距离和卫生防护距离的严苛要求、渗滤液处理技术难度和昂贵成本、垃圾填埋场地质灾害和工程风险对地下水的长期威胁、运输作业异味和灰尘对城市环境空气质量和城市卫生条件的危害、退役垃圾处理场的安全监控警报和持续维护成本消耗，等等。即便逐步转换尝试城市垃圾焚烧发电的新型技术处置模式，也不得不面对：公众对焚烧系统建设选址的意愿和诉求、焚烧废气包括二噁英等敏感污染物质治理指标要求、安全和卫生防护距离限制、气象要素位置条件限制、垃圾分类的社区管理体系不完备设施不匹配；还有，国家扶贫攻坚倒计时开始，广大农村是重中之重，农村饮用水安全卫生保障就从小流域水系治理抓起，村镇生活垃圾要求统一规范处置，也要增加规模化处置生活垃圾的途径容量，处置压力成倍增加。这些情形，就是我国当下生态环境保护大领域中，生活垃圾处置小分支的紧迫形势。《零废弃》一书里可贵的信念——以环保为乐趣，最契合综合治理生活垃圾的要求，这迫切需要引领广大公众个体重塑健康生活形态，自下而上、勠力同心为城乡生活垃圾实现资源化、减量化、无害化做贡献。

城乡生活垃圾只是国内资源生态环境保护的课题之一。优质生态环境包含了实现优良大气环境的目标，绿水青山就是金山银山，还有生物多样性，美丽神秘的自然保护区是动植物的乐园，江河湖海和地下水是我们长期幸福健康生活的基本保障，城市、乡村都是我们的家园，土壤、地表地貌、植被、矿产是我们的生存发展资源，森林、耕地、畜禽、野生食材是我们的生活刚需。这些都需要有效保护，需要社会全面、完备、系统地保护。《零废弃》一书就是在提醒社会公众，个体如何从我做起，服务社会宏观生态环境，分享大环境红利对所有个体的回馈。

在作品中，作者和译者在先后的努力中，让零废弃生活行动，展现出强大的、现实的诱惑力，这对于国人的现实生活选项，正是可遇不可求。生活时尚是世人最普遍的诉求，生活时尚则包括：财富时尚、健康美丽安全时尚、高雅时尚、科技时尚等。零废弃生活，恰恰展现了生活时尚的标签和体系、个体生活细节、生动乐趣、目标效果。换句话说，作者巧妙突出了个体收获、生活时尚的收获，个体先尝试部分收获，再慢慢尝试有效全面的收获；个体行动起步没有门槛，坚持却永远都有追求远景，这也是零废弃生活行动诱惑力所在，个体自发的行动，不必要承受社会任务的巨大心理负担，而是在个体行动之中，自然而然地有效奉献生态环境，奉献社会。

财富时尚，作品从盘活我们往日购买的蒙尘闲置堆积物品开始，引导行动者从简约、优化、美观、清洁自己的家庭和办公空间着手，把节省下来的不少钱，留存在账户上。零废弃生活开启了一种低调节约的财富时尚。

健康、美丽、安全时尚，《零废弃》作者陪同大家梳理了我们吃下去的防腐剂、添加剂、农残、人工色素、增塑剂、深加工食品、快餐、转基因食材、漂白剂，还有女士化妆品中的化工产品成分和动物制品成分，家庭成员包括老人孩子的衣物服饰里不符合规范、超标的定型剂、染色剂。就是说有不少被我们长期漠视了的食材选项、衣着配套、用品添置，不经意中会带来某类有害成分，聚集蛰伏在自己和亲友的身体中，在某个时候给我们的身体，包括消化系统、呼吸系统、神经系统、生殖系统，如对皮肤、肌肉、毛发、关节、骨骼、面容、运动机能制造或大或小的麻烦。而零废弃生活负责地帮助行动者，用力排除或减少本就不该有的、潜在的危害或拖累。

高雅时尚，国际化，前沿，高端，基于行动者科技素养和人文底蕴，有效识别、排除烧钱的奢侈行为，优化选择简约、自然、生态、刚需、怡悦、健康、友善。零废弃生活就是标签，是一种高雅的时尚。

科技时尚，零废弃生活没有盲目跟风，而是心明眼亮，从容淡定，概览古今人类生活与自然关系的演化，对优良传统如数家珍，对技术创新慧眼独具，譬如从中东阿勒颇的某种手工美妆护理到日本智能化、人性化的卫生间科技应用。零废弃生活就是动态科技时尚。

当你在零废弃生活体验中反省时，会不会有与作者相见恨晚的感觉；作为资深生态环境技术从业者，我读到译著时，爱不释手，一口气读完，不禁回顾多年工作、生活：环境监测、污染物监测、环境影响评价、国家卫生城市创建、农村环境质量评估、环境空气质量预报预警、有机农业企业咨询认证、气象应急预报会商、科技创新项目考核、长期订购消费有机农业会员供应食材、在新媒体渠道观察讨论分析生态环境质量变化、观察验证国内外食品安全走向影响因素和走向趋势、思考国内大健康建设蓝图和公众主动健康意识和行动效果……我想对零废弃译著中文简体版相关的德文原著作者、译者、编者、出版者表达深厚的敬意和谢意！

王崇礼[1]

2019 年 12 月 30 日

[1] 知名公益人士，科学科普博主（微博“环境骑士”），云南省环境监测中心站高级工程师。

推荐序 2

“零”是美好的

Shia Su 女士的这本书是中国第一本以“零废弃”为主题的正式出版物。作为一个倡导并实践零废弃十多年的人来说，我怎能不感到欣喜。

“零废弃”的关键字是“零”，“零”代表着一种“绝对”，听起来不免让人感到有些压力，缺乏回旋的余地。但好在我们并不孤独，在环境保护领域，已经有越来越多的“零”或与它同义的“无”的主张，被提出、被实践，例如：零排放、零污染、无废城市、无废社会……

为什么人们会对使用绝对的概念无所避讳？恐怕是因为它最能代表理想的高度、愿景的美好，从而最能激发我们的行动。的确，绝对意义的零废弃是不可能的，但逼近它却是可能的。拿工厂生产做个类比，许多企业都将产品零缺陷作为追求的目标，从客观实际或统计学上看，这是不可能的，但如果将零缺陷作为行动目标，无限趋近，实际也达到了要实现的目的。

零废弃同样如此。“一年只产生一小罐垃圾”——无论是本书的作者，还是活跃在世界各地，包括中国的零废弃达人们，已经用越来越多的亲身实例说明了零废弃生活的可能性和追求零废弃目标的意义。

本书直观地让读者看到了个人或家庭零废弃的样子，自然也会激发人们对零废弃的社会有所想象。

零废弃的社会，简而言之就是没有垃圾的社会。更严格地说就是对于社会整体而言，不再有垃圾。之所以要强调社会整体，就是要将它与社会单元的情况区分开来。在零废弃的社会中，社会整体不再有垃圾，但社会单元仍会有垃圾产生。

为什么这么说？按照我国现行的环保法规，垃圾的学名是固体废物，定义是“在生产、生活和其他活动中产生的丧失原有利用价值或者虽未丧失利用价值但被抛弃或者放弃的固态、半固态和置于容器中的气态的物品、物质”。通俗一点讲，就是“那些不愿被人们留在家里或单位里的东西”。如果我们坚持这样的定义，个人、家庭、单位这些社会单元必然不可能不产生垃圾，至少我们啃个鸡腿还要扔鸡骨头，吃个香蕉还要扔皮。

但对于整个社会来说则不然，因为某些社会单元产生的垃圾完全有可能成为其他社会单元或其他生物的可用之物，或者成为工农业生产的原料及自然健康循环的养料——我们一般称之为再生资源。例如，啤酒瓶回收了，清洗再灌装新啤酒；塑料瓶回收了，再造成塑料颗粒或纤维做成其他物品；香蕉皮回收了，堆肥变成种植的养分。

在我们目前所处的社会阶段，一部分垃圾可以通过分类回收，转化为再生资源，但还有更多的部分没被分类回收，于是就成了真正的垃圾。后者产生以后，肯定不会凭空消失，但又去了哪里呢？总的来说，能收集起来的，都逃不过被焚烧、填埋或倾倒在某处的命运，二次污染极大；没收集起来的，可能很快就泄漏到了环境之中，直接产生危害。

由此可见，在零废弃的未来，社会单元虽然还会继续产生废弃物，但总可以得到很好的再生和循环，并使得不得不被焚烧、填埋、倾倒、泄漏的垃圾量趋近于零。

以上所说的其实仅仅是零废弃的基础版，还有进阶版。Shia Su 女士的这本书就是这样的进阶版，它不仅包含基础版强调的通过循环再生减少社会整体产生的垃圾量，而且更注重通过减少物质消费、优化生活方式，使社会单元产生的垃圾量也最小化。

Shia Su 女士在书中点明了需要减少物质消费的原因。一是很多理论上可回收的产品或包装，实际回收不了，这意味着消费量越大，垃圾越多。二是回收再生过程也有各种各样的环境影响，包括能源消耗、新资源补充和废水排放等，所以可回收的垃圾总量也要有所控制。三是现代消费品所含的人工化学品太多、太复杂，很多甚至是有毒的，所以出于保护健康的原因，能避开它们就避开它们。

当我们明白消费减量的必要性后，不免会提出一个新的问题：那减量多少才算够？根据世界自然基金会 2015 年发布的《地球生命力报告》，我国人均生态足迹面积已经达到 2.2 公顷，即使去除出口贸易因素，国内消费侧生态足迹也达到 1.8 公顷，远远高于我国的人均生态承载力 1.0 公顷。所以，如果要实现长期可持续发展的目标，在不依赖外部资源输入的情况下，我国公众的物质消费量应比目前的水平减少 40%~50%。

过去，我在做环境宣教的时候，其实挺避讳提出减少消费的，因为减少好像就意味着失去，不仅受众听起来有压力，同时也担心被扣上反对发展的帽子。然而，Shia Su 的书给了我勇气，她用实例说明减少并不意味着失去，降低物质消费并不意味着降低生活质量。她娓娓道来的懒人包式的减量贴士、替代绝招，反而能让现代人获得更多久违的喜悦感、幸福感。她还强调了个人生活革命和消费选择对于社会整体的意义——不仅不会影响发展，反而会让那些有志于生产和销售符合零废弃理念的产品更好地获得市场，让经济更快地绿色化。

毛达 [1]

2020 年 2 月 10 日

[1] 毛达，知名环境史学者，北京师范大学环境史博士，“零废弃联盟”发起人之一兼政策顾问，深圳市零废弃环保公益事业发展中心主任。

推荐序 3

全世界零废弃实践者联合起来

我是无意间开始关注零废弃的，即使当时并没听说过零废弃这个词。

十多年前，我所在的小公司身处北京 CBD 密集的办公区，楼下仅有的几家餐馆根本无法容纳无数白领的午餐需求。不能堂食，外卖就无可避免。面对每天数十份外卖转眼变成包装垃圾，我看不下去了，先是呼吁同事们自备筷子、重复使用送餐的塑料袋，或者自带午餐用微波炉加热，后来又和部分同事在办公室集中蒸米饭、外卖仅买菜品。但这些都无法治本。直到公司搬到一处有条件开伙的新办公区，聘请了一位阿姨专门做午饭，我的外卖垃圾焦虑症才得以缓解。

从外卖垃圾开始，我越来越关注身边的垃圾问题，并去尝试一些小小的改变：面包店每个面包单独装一个塑料袋，太浪费了，我可以自带袋子；菜市场、熟食店、杂粮铺子，只要自备包装盒包装袋，购物过程就能不产生任何包装垃圾；自带杯子去买饮料，看看谁家配合，以后就多光顾他家；选用无芯卫生纸可以减少不必要的纸芯；剩饭装进保鲜盒再塞进冰箱，就不消耗保鲜膜；银行邮寄的信用卡账单申请改成电子账单……

小事做得多了，不知不觉就成了朋友们眼中的零废弃达人，在这过程中，我认识了许多同道中人：几年不买新衣服却总是穿搭很漂亮的女白领，用厨余垃圾堆肥的小学男生，说服超市买菜可以不套塑料袋的全职妈妈，在寺庙推广垃圾分类的热心居士，把废布头改造成布艺产品的手工达人，推广减塑行动的商家……大家各有各的生活小妙招，在不同的方向，为了一个共同的零废弃目标而努力，快乐又自豪。

每每有新朋友问我，怎么在生活中减少垃圾，一方面我会告诉他最基本的垃圾减量 3R 原则，即 Reduce 源头减量、Reuse 重复使用、Recycle 回收利用，同时，我会把零废弃达人们五花八门的小妙招分享给他，这些细节积攒起来就是走向零废弃生活的引路牌。

有没有一本书，能更全面地指导大家践行零废弃呢？看，这本《零废弃》正合适！书中的零废弃经验，几乎涵盖了生活的方方面面：怎样选择商品，怎样去购物，怎样储存，怎样出行，怎样不浪费食物，怎样自制清洁剂，怎样精简衣橱……对于刚刚入门的新手来说，这本书是非常细致的行动指南。

近年来，国内许多零废弃实践者在线上线下形成了环保社群或行动网络；从这本书我也发现，在全世界范围内，零废弃达人都是相似的，即使生活习惯和社会背景各有不同，但实践零废弃的目标和手段都非常一致。例如，原文中制作洗衣剂的天然原材料马栗，本书的中文编辑就做了贴心的注解，告诉读者在中国可以使用本地植物无患子来代替马栗。读到这里，我仿佛看到，× 国某座城市正在行道树下捡拾马栗的某位市民，与我那位擅长制作无患子洗涤液的北京朋友，遥遥微笑着打了个招呼。

而同时，我也看到了中外零废弃实践者共同面对的社会挑战——怎样减小零废弃行动的执行阻力，怎样让更多人乃至全社会一同行动起来。

必须承认，个人零废弃总有其局限：即使已经有了最详尽的生活指南，即使每位零废弃达人都不遗余力去宣传，从整个社会来看，愿意亲身实践的人依然不占多数，因为零废弃只是一门有趣也有意义的选修课，而非全民的必修课。

有没有可能使之成为全社会的必修课呢？当然有。这就需要更全面的零废弃管理，在更高的层面制定整个区域（例如，整个城镇、整个村庄、整个国家）的零废弃策略，让商品生产者、消费者、垃圾处理方、管理者等角色，都尽到各自的责任，创造出全民皆可零废弃且必须零废弃的大环境。

在这个理想的零废弃社会中，我们的商品不再过度包装，一次性用品被限制使用，家电中的有毒有害成分越来越少，枯枝落叶就近堆肥变成植物的养料，社区里很容易找到修鞋修雨伞的小铺，玻璃瓶塑料瓶可以退还押金以实现资源回收，外卖餐具和快递包装完全实现循环使用，扔垃圾要按量付费，垃圾分类成为全民的生活习惯，资源再生工厂拥有更先进的技术，垃圾焚烧厂接收到的垃圾逐渐变少……

零废弃是目标，也是不断趋近的过程。盼望着，我们能从零废弃个人开始，创造出零废弃家庭、零废弃社群、零废弃城市、零废弃国家、零废弃地球。

讲完宏大理想，让我们回归自身，静下心来阅读这本零废弃之书吧。

书中诸多生活技巧，读者很难也无须全盘掌握，每次只改变一点点、前进一小步，坚持下来也是巨大的成就。所以说，想成为一名零废弃达人，真的不难，只要我们能真心实意、身体力行。

莲蓬[1]

2020 年 3 月 15 日

[1] 本名孙敬华，知名环保公益人士，科普图书《垃圾魔法书》主编，“自然之友”（中国成立最早的全国性民间环保组织之一）垃圾减量项目主任。

前言

往日生活形态的现代版

许多人在看到我和老公的居家生活只制造出一丁点垃圾时，都大感不可思议。大家在看到我们一年下来所收集的不可回收废弃物与废塑料，只有一个约 946 毫升容量的玻璃罐那么多时，大多数人的共同反应是："绝不可能，那不是真的吧！"

好吧，我们其实并不是像这个垃圾罐所显示的，过着完全零废弃的生活，除了垃圾罐里的东西外，我们还多制造了：约 2.95 千克的废纸、约 0.1 千克瓶盖和订书针之类的金属垃圾、十多个瓶瓶罐罐，还有厨余（在我们终于有了足够勇气尝试"养蚯蚓当宠物"这个颠覆传统的点子后，现在厨房里是用厨余做堆肥）。当然，这些全是可回收的垃圾，我们的垃圾罐则收集了不可回收的东西（理论上塑料是可回收的，却因为各式各样的原因多半无法回收，详见第 11 章）。

每次我们和老一辈的人谈这个话题，得到的反应却和身边亲友的回应截然不同。他们往往大笑以对，告诉我们这些年轻人说：

“喔，拜托！过零废弃生活根本就是老掉牙的旧闻了！”还经常给我们这方面实用的建议，像是如何不用那些噱头十足的化学玩意儿疏通堵塞的水槽、是否试过用碗盘擦拭布装三明治……

其实，不过数十年前，每个人都过着零废弃生活。那时候当然不会有“零废弃”这个名词，因为对当时的人来说，那是最平常、最普通的生活形态。现在这种浪费资源的生活方式，是近几年才开始普及的。有人指出这种生活不但称不上进步，反而极为短视，短暂的快感之后，终将乐极生悲，让人懊悔不已。

废弃物处理场

对垃圾的存在视而不见

垃圾已经成为日常生活中不曾缺席的一部分，我们似乎也习以为常，所以从来不会停下片刻思考有关垃圾的种种。我们把用完的洗发水空瓶丢到垃圾桶，然后把垃圾拿到外面丢弃。散发恶臭的垃圾袋离开了家门，从我们眼前消失，便眼不见为净。

我们当然知道，垃圾不会只化成一缕轻烟消失在空气中，还有垃圾掩埋场这种东西存在。有些人已经知道，资源回收并非如我们所想的那样环保——把可回收的废弃物一船船运往世界各地丢弃或处理，已是司空见惯的事。

海洋被塑料垃圾淹没的消息，也时有所闻。我们担心垃圾正在破坏整个食物链，而且已经找到通往我们餐盘的途径[1]。但不知道为什么，我们在购物、买咖啡喝，或是把一条有机小黄瓜从塑料保鲜膜里拿出来的时候，从来不会把这一点当作首要考量。

美国国家环境保护局（United States Environmental Protection Agency）指出，在 2014 年，美国的人均垃圾制造量约 735 千克，相当于一个人一天就制造了高达 2 千克的垃圾！但所有垃圾在收集清运后，都去了哪里？在美国，34.6% 的垃圾可以回收再利用，12.8% 经由焚化转换成能源，其余就去了垃圾掩埋场[2]。相较于欧洲一些国家，像是荷兰、德国和瑞典，已经禁止使用掩埋垃圾的处理方式[3]。

鼓吹资源回收的运动在全球各地铺天盖地展开，多到不可胜数。但到头来，资源回收对我们的垃圾问题只是治标不治本，尤其是自从有了可回收标识后，情况更加恶化，因为我们经常把它当作制造垃圾的通行证："没关系的，反正这是可回收的东西！"

如果我们从一开始就不制造大量垃圾来破坏环境，只需要设法修复受损的地方，不是更好吗？更不用说，我们一般所谓的回收再利用（Recycle），其实常常只是降级回收（down-cycling）而已，也就是把原始材料转换成通常不能再回收利用的劣质品。

如果我们在对抗气候变迁（或全球变暖）一事上是认真的，那么唯一能带来正面改变的办法，就是减少对环境的冲击，以及调整我们的心态。

其中的关键不在于回收更多，而是如何制造更少垃圾。

---

[1]Weikle，《微塑料出现在超市贩售的鱼、甲壳类水产品》（*Microplastics found in supermarket fish*）或 Smillie，《从海洋到盘中飧》（*From sea to plate*）。

[2] 美国国家环境保护局，《提升永续物料的管理：2014 现况报告》（*Advancing Sustainable Materials Management: 2014 Fact Sheet*）。

[3] 欧洲环境署（*European Environment Agency*），《全欧洲城市废弃物管理》（*Municipal waste management across European countries*）。

一个世界末日级的错误？

我们都很清楚，经济需要增长。这意味着我们必须不断地消费更多，才能持续满足对经济增长的期望，因为增长表示经济健全。

在这方面，我们确实表现卓越，保持增长而不坠。尽管家中已经囤积了许多东西，超出需求，或是根本用不完，我们依旧买不停。如果生活在地球上的每个人的人均消耗量和一个普通的美国老百姓一样多，我们需要四个地球才足以维持我们的消耗需求。

遗憾的是，我们只有一个资源有限的地球。长期来看，追求无止境的增长，最后一定无以为继，但我们至今依旧靠此系统运作。我认为，一个基于在追求无止境增长的系统，从一开始就注定会失败。我把它称为“世界末日级别的错误”，因为一个未经深思熟虑而犯下的错误，将带来不堪设想的毁灭性后果。

不论我们是否接受这个事实，事情一定要改变。一些经济学家呼吁，要把经济增长的焦点放在质的增长而非量的增长上，主张去增长（degrowth）的经济学家也想出了其他可替代的社会架构，来善用我们有限的资源，达成经济平等。他们主张以更好（better）来取代更多（more）。

人们不喜欢听到派对结束了，尤其在他们享有特权、生活于权贵阶级时，更是如此。

——社会心理学家哈洛德·威尔策（Harald Welzer）[1]

此外，去满足我们追求更快、更新、更便宜的贪婪欲望，甚至不会让我们更快乐！美国的国家幸福指数在20世纪50年代臻于最高峰[2]，换言之，从此只有走下坡。可以肯定的一件事实就是，我们渴望更多的结果，是恶化了地球另一边人民的悲惨处境，那里的劳工（有些还是童工）遭到剥削，只为了满足我们对快时尚和廉价商品的热切需求。

零废弃就是把减少垃圾视为首要之务。只要你开始付诸行动，把自己的垃圾制造量减到最少，就会带来一些美好的副作用——你会自动开始少买东西；你也会更审慎地选购物品，聚焦在真正会让自己感到快乐或幸福的东西上，而不是满足一时的快感。你会开始把重点放在更好而非更多上。

请记住：我们可用的天然资源有限，而且在不断减少中。然而，就像经济学家修马克（E.F. Schumacher）于1975年所指出的，我们把地球资源

[1] 北德广播电台（*Norddeutscher Rundfunk*），《新领域》（*Neuland*）。

[2]McKibben，《在地的幸福经济》（*Deep Economy*），35-36。

当作可以任意挥霍的收入，而不是无可取代的资本[1]。我们正在大量浪费稀缺的有限资源，像是用化石燃料生产一次性的塑料制品。看着我们把日渐减少的资源浪费在生产那些用过一次就丢弃、马上变成垃圾的物品上，不是很荒谬吗？

市面上有许多设计成用完即丢的商品。

再者，因为一次性包装产品的用途就是用过即丢，所以售价必须压到非常便宜。为了削减成本，就必须低价生产，因此只能将成本外部化。换言之，为了追求廉价，只好牺牲劳工和环境。只具一次性价值的资源，往往会转换成有毒废弃物，经由食物链 [例如，变成微塑料（microplastic）] 或是污染地下水的途径而回到人体。到最后，我们终究必须为低廉的售价，付出健康的代价。

[1] 修马克，《小即是美》（*Small is Beautiful*），14。

要解决问题，而不是成为问题的一部分

企业指责消费者只想用低得离谱的价钱购买精美商品，让企业无法供应更环保的永续性产品。另外，消费者则说做出影响重大决策的是企业，当然是企业需要先改变。坦白说，对于双方互相指责的这种戏码，我已经深感厌烦了。

这是一个没有赢家的乒乓球赛，没有人愿意负起责任。置身于这样的环境中，很容易让人产生无力感，觉得自己只是芸芸众生中的一个，做不了任何影响广大的决策。

对我来说，零废弃就是
在我自己做得到的范围内，
具体地实行。

就我自己来说，我既通过不了任何法案，也不是大企业的首席执行官。但我会因为这样就觉得自己势单力薄、无力改变吗？并不会。对于生产和运输过程中所产生的上游废弃物，我单凭自己一个人的力量可能无法产生直接的影响力，但我可以树立榜样，站在消费者的立场，拒绝废弃物。

我意识到一件事，我对自己的消费有完全的自主权。现在该是我向这种风行的消费趋势说“不”的时候了，我可以选择把钱用在能创造福祉的地方。

人们总是告诉我，我所做的事情不过是沧海一粟，微不足道。但不妨从另一个角度来思考。气候变迁或全球变暖也不是某个有权有势的人单凭一己之力造成的，没有人做得到；它是数以百万计的人经年累月共同导致的。我的一位同事以前常说：“你怎么上阶梯，就怎么下阶梯——事情都是一步一步来。”不用说也知道，我选择创造正面的影响力，而不是去扯后腿。

我们可以在许多小事情上做出贡献。我们花的每一笔购物消费，无论是出于有意或无意，都是在表达对这件产品的更多需求，等于是投下赞成票支持厂商生产更多这项产品。如果我买快时尚的服饰，就会有更多快时尚被生产出来。我们的购买无异于告诉公司，继续它们的生产方式是有利可图的。

好消息是，这也表示我们有力量支持那些致力于创造正面改变的企业！

荷兰的无包装商店一角，调味料也可以散装购买。

但要注意了，如果我们选择不成为这个系统的一部分——譬如说，过着水电自给自足的生活，或者成为不消费主义者（freegang，不买任何东西，完全仰赖被人们浪费的物资过生活）——我们就放弃了用购买行动投赞成票的权利。

虽然成为不消费主义者确实具有微小的影响力，但我宁愿选择去创造

德国的无包装商店，以减少包装浪费为理念，维护环境的永续发展。

对某些东西的需求，那些我相信它们有朝一日会成为常态，而不是例外的东西，像有机食物、公平贸易货物和无毒产品等，它们都在生产过程中制造出最少的废弃物和包装。

对更具永续性的产品表达、创造更多的需求，可以彻底改写游戏规则。尽管仍有改善的空间，但生产销售这些商品，可以迫使大企业迎头赶上这股潮流——整个经济系统运作的规则就是通过这种方式，逐步朝一个对所有人都更有益的环境来改变。

或许，现在该是停止把我们定义为消费者，而是广大群体的一员的时候了。身为广大社会群体的其中一员，会致力于更好，而不是更多。当我们停止买更多，会突然发现手上有了更多时间，可以运用在生活中更重要的事情上。只买真正有需要的东西，会让我们省下许多钱——这反过来也会提供我们更安全、更健康也更公平的产品选择，比如有机食物！

贩售散装食材与杂货的无包装商店致力于帮助顾客实行零废弃生活

目录 Content

Chapter 1 零废弃的生活方式

Chapter 2 如何开始零废弃生活

Chapter 3 怎么买，在哪里买，带什么买？

Chapter4 不浪费食材的备菜技巧

Chapter5 制作更纯净的家事清洁剂

Chapter 6 身体保养品与卫生用品

Chapter 1

零废弃的生活方式

零废弃生活的六大好处

让我们老实说吧！大多数人不会牺牲自己舒适的生活，来增进大众的福祉。我和丈夫哈诺恐怕也不例外。我们每一年都会提出野心勃勃的计划，决心要付诸实行，但很少有哪项能贯彻到底。

有时候，当我的努力受到其他人的称赞时，我会觉得有点心虚，因为老实说，我是那种早上被闹钟叫醒后，会挣扎着是否要去按闹钟上的打盹按钮的人，完全不是大家想象的那样坚韧毅不拔（好啦，我知道不应该这样）。不过，虽然我们两个是出了名的容易三心二意，对零废弃这一点却一直坚持了下来，彻底贯彻这种生活方式。

或许这样说会更精准些，就是我们掉进了零废弃这个大坑里，再也不想爬出来了。我们享受到了伴随这种生活方式而来的种种好处，当然就不想错过零废弃生活啰！

好处一：变得更健康

尽管事实摆在眼前——塑料会释出双酚 A（Bisphenol A，BPA）、磷苯二甲酸酯（phthalates）等有害物质，但今天几乎每一样东西外面都会包覆一层塑料，例如：小黄瓜外面包着塑料膜，洗发水装在瓶子里，甚至是一瓶水也和塑料脱不了关系。研究发现，这些有害物质可能会致癌，也会导致女性青春期提早、男性不育、过动症和神经方面的疾病，等等。这些物质也与肥胖和第二型糖尿病有关。看到加拿大新闻社（Canadian Press）的报道，里面提到在尿液中验出双酚 A 的情况非常普遍[1]，让我震惊不已。

尤其是一次性使用的塑料制品、全新的塑料产品和新衣服等物品所释放出的有害物质和毒素剂量，格外令人忧心。过零废弃生活可以大量减少暴露在有毒物质的环境下。清洁剂中的腐蚀性化学物质以及化妆品里的混合化合物，随着你开始过零废弃生活，采用天然替代品（如果你和我一样是过敏性湿疹患者，这会让你如释重负）后，也都不会再是问题。

此外，你也会逐渐以富含营养的天然食物，甚至是有机食物，来取代加工食品和垃圾食品。

好处二：省下更多的钱

乍看之下，零废弃生活似乎是精英人士的生活形态。去农夫市集采购或是购买有机食物，价格确实更昂贵。但就我们的经验来说，即使我们现在都是购买有机食物，我们的总开销相较于过零废弃生活之前，却大为减少。

因为我们在其他方面所省下的钱，超过我们购买有机食物的花费。这

---

[1] 加拿大新闻社，《大多数加拿大人尿液中检验出双酚 A，血液中检验出铅》（*Most Canadians have BPA in urine，lead traces in blood*）。

很合理啊，你看，一个又一个品项——譬如，有许多都是药妆店商品——在我们开始过零废弃生活后，便陆续从我们的预算清单中完全消失了。

我们从中学到了一些事情，包括：

- **日常生活的消费变少了**

我们只买我们需要的，通常是用完了才补充，而不会囤购。我们有时候也会放任自己冲动购物，但不论买了什么，还是能大大结省钱包里的钱——我们不是冲动购买一件衣服，而是买了原本不在购物清单中的绿色花椰菜。

- **许多日常用品的售价比它们的内容物要贵很多**

清洁用品、美妆与保养品，这些东西真的非常贵！我们却对标签上的定价已经习以为常，完全无感了。其实，加工食品要比自制相同的食物更贵。而且到了最后，垃圾食品会要你付出健康亮红灯和花钱就医的代价。

- **重质而不是重量**

德国有句俗话说："买便宜货的人要付出两倍代价。"购买可以用一辈子的高质量物品，一开始可能要花较多的钱买，但长期下来还是划算许多。

- **以重复使用取代一次性用品**

湿纸巾、面巾纸、卷筒式卫生纸、锡箔纸和蜡纸……这类一次性用品，它们的用途就是用过即丢。换句话说，我们一辈子都必须不断添购这些东西。使用可重复使用的替代品，长期下来，会让我们省下很大一笔开销。

- **选择自来水**

你知道吗？即使瓶装水的质量管制不如自来水，但饮用瓶装水的花费竟然可以比喝自来水高出500倍（这可以根据你的水费账单算出）！更不用说，你在喝瓶装水的时候，也会把塑料瓶身释放出的双酚A或磷苯二甲酸酯一起喝下肚[1]。

其实，硬水含有丰富的矿物质。如果你想知道自己居住的州或地区是否有比较好的硬水供应，很简单，只要上本地供水商的网站查询就行了。

虽然你的家电可能会向硬水发出抗议[2]，但你应该要喜欢喝自来水。事实上，硬水的定义就是一种富含矿物质的水。据美国地质调查所（U.S. Geological Survey）指出，饮用硬水可以补充身体所需的钙和镁[3]。

● 少即是多——东西少，钱就多

拥有许多家当，要烧钱很容易。因为这些东西需要空间来储存，还需要维修，这些都要花钱。如果你有租用仓储、不断搬家或是买更多物品，必须想方设法腾出空间来容纳你的东西，或许就能深刻体会到拥有东西会花掉辛苦赚来的钱[4]。

---

[1] Carwile 等，《聚碳酸酯瓶的使用与尿液的 BPA 浓度》（*Polycarbonate Bottle Use and Urinary Bisphenol A Concentrations*）。

[2] 因为硬水有大量的钙、镁，容易在热水壶中形成水垢、结晶，因而造成故障。（译者注）

[3] 美国地质调查所，《水的硬度》（*Water Hardness*）。

[4] 在中国也是类似的情况，大多数城市的居民都要按户交纳卫生管理费。（编者注）

你家的水管是铅管吗?

根据美国水行业协会（American Water Works Association）的统计显示，还有650万户仍在使用铅管，而且不仅仅限于老旧建筑物。美国许多城市和地区仍在使用老旧的铅管配水管线。有些城市，譬如纽约，为了减少溶于水的含铅量，在水中加入了磷酸（phosphoric acid），并随时监测和调整pH值。

如果你住在1985年前的房子里，很容易就能检查你家的水管是否含铅。如果水管呈深灰色，很容易就能在上面刮划，如果刮痕呈银色，那就是铅管。饮用水含铅，不能等闲视之。将水煮沸不但不能除铅，反而会增加铅的浓度。你可以询问居住地的水务局，看他们是否仍在使用铅管配线。

如果你住在老房子里，记得检查家中的水管。你应该不会有事的，但如果你家的自来水真的含铅，不妨考虑加装一个滤水器，便能把铅过滤掉。

●少付垃圾清运费

许多美国城市会按垃圾量征收清运费用。使用较小的垃圾桶或是少用垃圾袋，就能省钱。

好处三：简化你的生活！

我们不管去哪里，都会被各式各样令人眼花缭乱的商品所淹没，商家鼓励我们买更多。这种刺激消费的做法大为成功，我说不定也会加入这个消费行列。所有人都认为，我们需要一种高专一性的类固醇，来治疗大部分因为做家务所导致的身体不适。

根据统计，在 2008 年，美国普通超市的上架商品，种类几近 47 000 种之多，比 1975 年的上架商品数量高出五倍。[1]

这种选购商品的过程会如何影响我们的心理？由于我们被琳琅满目的商品所淹没，购物的决定过程令人备感压力，这种现象被称为“决策疲劳”（decision fatigue）。你为什么要把脑力浪费在决定要买哪些东西这类日常琐事上？

[1]《消费者报告》（*Consumer Reports*），《当货架上有太多商品可以选择时，怎么办？》（*What to Do when There Are Too Many Product Choices on the Store Shelves？*）。

反之，过零废弃生活有助缩减你的选择，使你在忙碌的生活里，享受脑袋不打结的轻松感。

好处四：把更多时间用在更重要的事情上

每次我告诉别人，我每一样东西都是散装采购时，他们都认为我们一定至少要去 27 家以上的商店，采买我们一周需用的所有食品杂货。其实，情况恰好相反。我们现在不必再伤脑筋在采买食品杂货上了（参考第 3 章）！

垃圾也是一样。所幸，垃圾不再成为我们日常生活的重心，我们不用再绞尽脑汁如何回收利用某类塑料，不用再处理广告传单，不用再爬到五楼把垃圾拿出来丢掉。

我们把多余无用的杂物清掉后，整个家看起来整洁又舒适。烦人的家务琐事如今也变得轻松无比。

我们现在不必再把时间浪费在商店里，尽消费者的义务（赚钱就是为了花钱），或是浪费在分类可回收物品、整理我们的家当，或清理家务上。我们非常享受目前的生活，可以把更多时间花在喜欢的事情上，去做那些过去我们常挂在嘴边说，只要有时间就会去做的计划，或者干脆什么都不做，只管放空发呆。

好处五：自己决定买什么，找回购物自主权

2013 年，各家厂商花在电视广告上的总金额高达 780 亿美元。电视广告变得愈来愈短，这样每个广告时段才能塞下更多广告[1]。这个金额是美国国会预算局（Congressional Budget Office）预估美国政府于 2017 年花在健保补助上的总额的 1.5 倍[2]。我们的社会似乎鼓励大众更多地去消费，而不是省钱过日子。

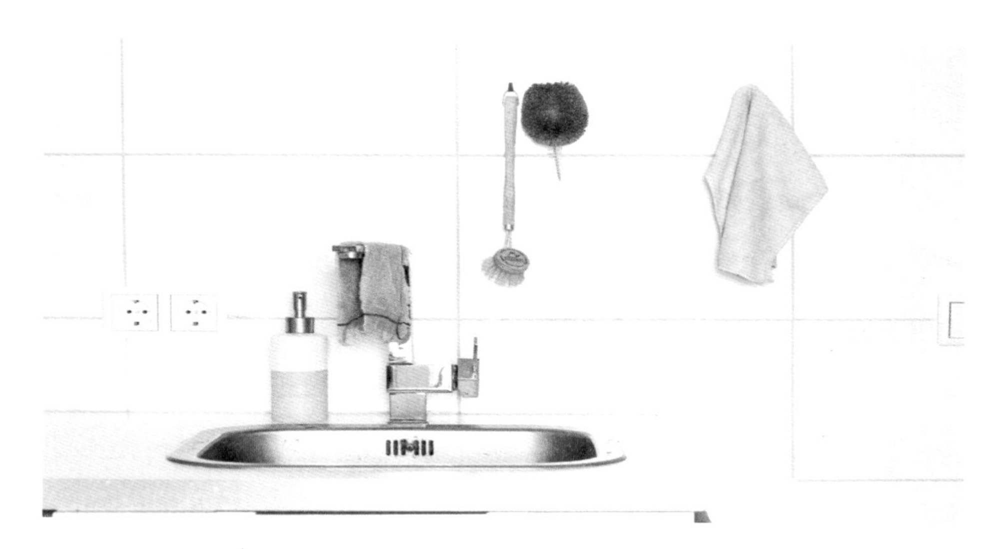

零废弃有助于降低视觉的杂乱感。

[1] Luckerson，《这就是为什么看电视如此受干扰的原因》（*Here's Exactly Why Watching TV Has Gotten So Annoying*）。

[2] 美国国会预算局，《医疗保健》（*Health Care*）。

羊毛出在羊身上，我们作为消费者，最后就是要为厂商生产及播放商品广告的成本买单。播放广告的目的，说穿了就是吸引更多生意上门，洗脑消费大众购买特定品牌的产品。我不知道你会怎么做，但我不会把辛苦赚来的钱往那儿送；我也不会去买包装商品。

从我们决定过零废弃生活开始，我就学会了对广告强加于我们身上的视觉噪声视而不见。我购买环保的永续性产品，支持那些不随波逐流、致力于带来正面改变的农民和企业。

好处六：居家环境更加赏心悦目

这听起来好像不相干，可能会有一种硬加上去的感觉，但没有多余杂物的零废弃居家生活，家里看起来就是舒服。所以，我说赏心悦目并没有错。有谁不想要一个漂亮舒适的居家环境？

对那些看起来就像是来到小型水疗度假村的现代化浴室，你是不是很羡慕呢？看到它们刊登在杂志和目录册的照片，总是那样光彩夺目，吸引眼球。假设你决定要花一笔小钱重新装修家中那个已经让你看到生厌的浴室，装修完后，它看起来棒极了，直到所有的卫浴必需品涌进，乱七八糟地占据着你新装潢好的私人乐园——你知道我指的是什么，就是那些颜色酷炫的塑料瓶罐，里面装了洗发水、沐浴乳和乳液等。不知为何，牙膏和牙刷总是采用大胆突兀的三原色包装，这会破坏你的新浴室的美感。

产品包装的设计用意，是为了吸引人们的眼球，以及建立品牌。因此产品包装成了广告的最佳画布，来大玩营销噱头。每一种产品包装都想要在令人眼花缭乱的产品中脱颖而出，吸引消费者的眼球。因为我们总是习惯在家中囤积各种大大小小的物品，这会让家里看起来非常杂乱，十分不舒服。

想要赏心悦目的居家环境，就过零废弃生活吧！

Chapter 2

如何开始零废弃生活

KCKOSMUS

清点自己的习惯

请以使用食谱时的轻松心情，应用本书。你可以从下面的内容里，了解零废弃的心态，并找到实行的灵感。你可以试试随便一个书中提供的新妙方。

了解你自己

在开始之前，最重要的事情，就是了解你自己和你的生活习惯。你是喜欢逛街购物的人吗？你的房间多久整理一次？你偏好在餐馆吃还是自己动手做？不论是你原本的想法或习惯，你了解得越多，就越有助于你在展开零废弃生活时，找出属于你的独特挑战，也能由此知道哪些挑战对你来说是小菜一碟，哪些挑战比较棘手。

起步是最困难的。
只要开始了，
后面自然会水到渠成。

先聚焦在比较容易解决的问题上，这样做很合理，然后再由此继续深入。我们实在没必要把生活搞得愈来愈复杂，对吧？我自己就是“凡事先从一小步开始”这个理论的忠实支持者，先从最简单的开始，再慢慢进阶到最难搞的大魔王。一步一步来，虽然慢，却可以稳健赢得最终胜利，这就是龟速前进的威力！

分析你的垃圾

花一个星期，收集该时间段你所制造的每件垃圾。没错，连你本来要

实用小妙招

拍下前后的记录照

除了分析垃圾之外，你还可以把购买的东西，不论是衣服还是食物都拍下来。这样，你就会有改变前的照片档案，可以作为改变后的对照。没有改变前的照片，我们很可能会苛责自己，觉得自己没什么太大的进展。我自己就很后悔没有在开始过零废弃生活时，拍下任何一张照片。

记下前后的所有开销

试试记账，把你开始零废弃生活之前和之后的所有开销都记录下来。记账会明确地告诉你，你在“之前”把钱花到哪里去了，以及零废弃生活将会如何帮你省钱。你可以把它记在一张纸上，或是利用 Excel 提供的记账工具。

拿出去丢掉的垃圾都要收集。你可能觉得这听起来实在是太恶心了，没关系，也不是只有这样一个做法，你也可以选择收集分类垃圾袋里的每样东西（市面上可以买到能够重复使用的分类垃圾袋和分类垃圾桶），或者只用手机拍下。

记住：选定一种做法就不要再换，这样的话，之后要检视结果时就轻松多了。在这一个星期里，千万不要改变你的行为，一切照常就对了，因为这样做的目的，就是为了了解你的日常习惯。

一星期结束了，来检视你的垃圾吧！你收集的哪种垃圾比较多？是包装材料吗？还是免洗餐具、外带的饮料杯？你在忙碌生活中所吃的那些快餐调理包、微波加热盒饭、冷冻食品，你收集最多的垃圾是从这些东西上拆下来的吗？把它们通通记录下来，并拍照存档，留待日后参考用。还有，请不要觉得有罪恶感！

现在，可以来检查你的照片和笔记了。其中累积量最多的垃圾就是你的痛点，也是你开始零废弃生活后，可以见到显著改善的部分。本书会针对一些最常见的痛点，提供简易的解决妙方，你可以根据自己的问题参考相关章节。譬如说，如果外带杯和快餐是你最大宗的垃圾来源，就可以直接跳至第 3 章。

减量、重复使用、回收再利用

你可能听过 3R，也就是减量（Reduce）、重复使用（Reuse）与回收再利用（Recycle），这是一套很有用的记忆系统！全球各地的学校、废弃物处理场、非营利组织和政府各部门，都在使用 3R 来教育大众认识环境的永续发展。

如今，从 3R 又衍生出更多的 R，已经有许多人以 3R 为基础来扩充自己的版本。我甚至看过一个二十多 R 的版本来鼓励人们过着更永续的生活，令我印象深刻并大受激励，其中包括尊重（Respect）和复原（Recover）这两个很重要却很少获得关注的方面。

零废弃运动发起人贝亚 · 强生（Bea Johnson）也提出了她自己的 5R 版本。我要鼓励你利用这个基本的 3R，建立起对自己有用的辅助记忆法！

以我自己为例，我的 R 版本是：

1. 反思（Rethink）：自我赋能
2. 减量（Reduce）：少即是多
3. 重复使用（Reuse）：物尽其用
4. 修补（Repair）：延长物品的寿命
5. 回收再利用（Recycle）：先分类再处理

第一个R：反思

在我看来，要过零废弃生活，首先必须调整心态，做到自我赋能（empowerment）。我们在设法敞开心胸尝试新事物的过程中，学到了去挑战现状，进而踏上通往幸福之路。很多人往往没有深入仔细地思索，就拒绝零废弃的观念，觉得这样做太不自由了，会被重重限制。我把这种看事情的角度称为缺陷导向（deficit-oriented）。

这种想法一点都不奇怪，因为我们刚接触零废弃的观念时，常以为必须放弃所有的东西。在我们周遭，形形色色的广告从四面八方轰炸我们，告诉我们只要购买这个品牌的高档豪华车、那个品牌的体香剂，或是饮用来自法国某座高山的矿泉水，我们的生活就会变得多么美好。可是，美国的幸福指数却是在几十年前的20世纪50年代臻于最高峰，而不是拥有更多东西的现在。

“总的来说，我们是拥有了更多的东西，却更不快乐。”著名环保学者比尔·麦克基本（Bill McKibben）在他的著作《在地的幸福经济》中下了这样的结论[1]。

长期而言，物质不会让我们幸福，因为我们很快就会对手边的东西习以为常，原有的新鲜感迅速消退。财务安全感确实会让我们感到幸福，因为不必为贫穷带来的生存威胁而烦恼[2]。然而一旦跨过财务自由的门槛，再

---

[1] 比尔·麦克基本，《在地的幸福经济》（*Deep Economy*），35-36。

[2] Simon-Thomas，《什么是幸福的科学？》（*What is the Science of Happiness?*）。

多的钱也无法增加我们的快乐。但花时间与朋友或伴侣相处，保持健全的心理，确实会提升我们的幸福感[1]。

此外，最引人关注的是行善——回馈、支持别人、为某个目标或运动担任义工或其他自愿服务——也会让我们更快乐[2]。我在书中也强调行善的重要，来对照出沉溺于消费主义所带来的剥削和污染等损人不利己的附带品。我知道，面对巨大的改变让人害怕，但过一个更符合自己价值观的生活，由此发现一个崭新世界，我保证，你的改变绝对值得。

第二个R：减量

每个人家中多少都有这类物品——例如：乱买没用的东西，像是衣橱中那些很少穿或从来没穿过的衣服，每次看到它们都会让我们觉得很有罪恶感，还有一叠一叠连对方的脸都想不起来的陌生名片、多到够用500年的笔、永远不会叫的外卖菜单、恼人的广告传单，以及一瓶瓶看起来像是在玩具屋里迷路的迷你洗发水和沐浴露。

---

[1] Inman，《最新研究指出，幸福系于健康和朋友，不是财富》（*Happiness Depends on Health and Friends, not Money, Says New Study*）。

[2] Simon-Thomas，《什么是幸福的科学？》。

实用小妙招

婉拒名片或传单，改用手机拍下来

只要你能够用委婉的语气说明原因，就不会让对方感觉自己被拒绝，你可以说：“非常谢谢你！你知道吗？我要把你的名片拍照存档。这样，我就能随时用手机随身携带你的信息，而不是把你的名片留在抽屉某个角落。而且，你会有机会再用到这张名片的！”

一招解决免费赠品的诱惑

像圆珠笔或迷你瓶装洗发水这类免费赠品，实在很有诱惑力。我发现有一招很有效，就是提醒我自己，这些东西通常都是劣质货。

它们一定都是低成本生产，这表示其中包含了很多有害物质，是牺牲工人利益制造生产的，还会产生危害严重的产品碳足迹。根据环保团体“更健康的解决之道运动”（Campaign for Healthier Solutions）的研究指出，在他们所检验的一美元商店贩售商品中，有 81% 的商品至少有一种有害化学物质超标[1]。

此外，这些东西会把家里弄得乱七八糟——不是因为太好用而舍不得丢，就是没什么用就懒得整理。为什么要优先处理这些东西呢？

[1]Taylor，《慢了一步》（*Aday and adollar short*），3。

上述的所有东西，都必须经过制造、包装和运送的过程，其中的每一步都会消耗珍贵的资源。与其囤积用不到的多余物品，把它们送给那些会善用它们的人，不是更明智的做法吗？通过物品的转送和流通，我们就可以少买东西，也不必再为了满足我们的需求，而耗损稀缺的资源来生产更多东西！

第三个R：修补

我们今天生活在这样的一个时代：酷炫新玩意的流行期只维持到下一代产品上市前的短短几个月期间，快时尚的潮流服饰店每星期会上架不同系列的新品、买一台新的打印机比更换墨盒还要便宜。于是，出现了一个名词来形容这种现象："计划性淘汰"（planned obsolescence）。换言之，商品是有计划性地被设计成"短命"的，好让消费者可以快速换新。

但事情可以不必照此发展。许多物品可以透过修理、修改或修补，挤压出可延长的使用寿命。每次要购物时，请先做好功课，选购优质又可修复的物品。

即使你不是维修万能通，还是可以寻求修缮专家来解决。你也可以找所谓的维修咖啡馆[1]，左邻右舍在此互相帮忙修理各种东西。这是很棒的社交活动，我很欣赏在这种场所联结彼此的方式。

---

[1] 起源于荷兰的减少浪费运动，让有修复技术的人聚在一起，由义工帮助上门的顾客，修复已经损害的各种物品，其间大家可以喝咖啡聊天。（编者注）

选择可重复使用的物品，来替代一次性物品。

第四个R：重复使用

一次性商品对销售它们的公司而言，当然是更有利的。像棉花球、湿纸巾或卷筒式厨房纸巾等，都是消耗品。也就是说，这些东西一定要不断地花钱购买补充。所幸，每种一次性物品几乎都有可重复使用的替代品！

对我来说，可重复使用的东西也包含选择二手物品。这个世界充斥着过剩物品，我们所要做的，就是把它们适当地转送出去。如此一来，我们就不必浪费珍贵的资源来生产更多的东西。

挑战

找出自己的R！

现在轮到你了！我们每个人的资源、可使用的软硬体基础设施不同，面对的挑战不同，人生景况也不同。因此没有一体适用的方法，我相信自我赋能就是你要去拥抱内在那个强大的自己，进而创造出属于你自己的独一无二事物。

以下有更多的R供你选择，去构成你自己的辅助记忆法吧！

- 尊重（Respect）
- 复原（Recover）
- 负责（Responsibility）
- 反省（Reflect）
- 重建（Rebuild）
- 回收（Reclaim）
- 重新评估（Reevaluate）
- 赋予新用途（Repurpose）
- 拒绝（Refuse）
- 改造（Reinvent）

第五个R：回收再利用

随着心态更新（反思）、清掉过剩物品来减少消耗、购物重质不重量，以及以修补取代换新，和尽可能养成重复使用的习惯后，你的垃圾应该已经大为减少了。最后，就是把任何可回收的东西再利用。

好好了解你所居住市县的回收政策，如果市县政府有提供堆肥箱，那就太好了！如果没有的话，不妨考虑自己在家做堆肥，比如把厨余这种无法避免的垃圾（参考第11章）回收再利用，是对环境最友善的做法。在家做堆肥，表示可以杜绝交通运输的污染排放，珍贵的资源也不会浪费在用于运转大型废弃物处理设施上了。

清点柜子里的存货

人们总是渴望更多，但何时才会觉得这样够了？以下这些练习，就是要帮助你养成更健康的消费习惯，这样一来，垃圾量就会随之减少，就像俗话说的：“少去刨木头，木屑就会少。”

接下来，我会依照家里特别容易堆积东西的几个地方，例如，橱柜、衣柜、鞋柜、杂物柜等，提供实用的建议。

食品储藏柜

打开你家的食品储藏柜，里面看起来怎么样？我们在此把所有私房法宝倾囊相授，你只要试着做做看就好。

你出门购买食材，因为很少有店家可以让你只买所需的一点点量，所以常常买回过剩的食材，占据了食品柜。或是你买了些面粉回来，却发现还有一袋面粉隐藏在柜子的角落里。或者，你的喝茶爱好已经让你囤积了大量茶叶或茶包——因为买得多，喝得少。

观察你的食品储藏柜里有哪些东西，列出库存清单，再以这份清单上的食材上网搜寻食谱，这有助你彻底利用食品柜里现成的食材，并确保任何额外添购的食材都是新鲜货。根据这些新鲜食材来拟订你的膳食计划，把它们一并列入你的采买清单中。清理食品储藏柜可以防止浪费食物，还能省钱，也是打造出一个美观的零废弃食品柜的最好方法。

挑战

▌挑战在 30 天内尽快消化完你的食品库存

- 善用清单的力量！把柜子里的东西和数量逐一清点：这个方法很有效，会把你食品柜里的秘密全都曝光。用了什么就在上面做记号，这种感觉多棒！

- 拍下开始前的食品储藏照片，库存清单也要保留：这些物件会帮助你监控自己的进展。有时候，我们对自己太过苛求，只聚焦在做不好的地方，而忽略了已经完成的部分。

衣柜和鞋柜

说到衣服和鞋子，我们的购买力似乎永无极限。我们总有各种理由或场合，需要我们再添购一件衣服或一双鞋子。快时尚出现后，衣服成了随手可丢的短命商品，购物也变成了宣泄情绪的出口，甚至是一项正当的爱好。在这样的氛围影响下，许多人的家里总是有着爆满的衣柜和鞋柜，伴随而来的则是浓重的罪恶感，这种感觉实在不怎么好受。如果你也是这样，别担心，你并不孤单。

事实上，大多数人衣橱里的衣服绝对够穿，而且绰绰有余。清理衣柜、替衣柜减量瘦身，其实远比购买美丽的新衣服更让我们快乐（详见第 9 章）。

纺织业恶劣的工作环境，会危害劳工的健康与生命，这已不是秘密。每次我们购买用不道德制程生产出来的衣服，就是用钱在支持这种积弊已深的生产方式。通过购买，我们等于在说我们可以接受劳工被剥削，我们不在乎它所制造的污染。我们掏钱给这些厂商，所以它们可以继续这样做。

挑战

▌挑战在 30 天内不买一件衣服、鞋子或饰品

- 我在这里提供一个小妙方。如果你看到一个想要买的东西，只要把它放回货架，然后掉头离开。如果七天后你还是想买，就买吧。

- 但常见的情况是，你很可能早就忘了你想买的那个东西。这种购买冲动经常是来得快，去得也快。

愈积愈多的生活用品

如果你和以前的我一样，那么，衣服和食物绝不会是你仅有的囤积物品。在开始零废弃生活以前，在我们家，架子上和抽屉里总是塞满了沐浴露、洗发水、指甲油、化妆品、牙刷、卫生纸、清洁用品，以及各种锅具——我们甚至不喜欢烹饪。

挑战

挑战把东西用完为止

- 试着把现有物品消耗完，不要只因为喜新厌旧就再开一瓶或是再添购新的。只要你把“用完一项物品”当作目标，你会发现，一管牙膏或一瓶万能清洁剂可以用好久。

- 如果你现在非常渴望转向零废弃生活，这时候可能已经迫不及待了。这完全可以理解。一旦你习惯了这种新的生活模式，很可能再也不想回到过去的老习惯！你随时可以选择把没有使用过的物品捐赠给收容所，或者送给其他亲人和朋友。前面说过，物品的转送与流通，可以让我们少买东西，也可以减少浪费。

各种杂物

以前，我老公跟我习惯大量囤积各式各样的杂物，都是些不必要的物品，如果它们从未被发明出来，没有人会因此而损失了什么。我要给你一个挑战：除非是真的有需要的东西，不然就不要买。没错，我就是要你挑战做个懒得购物的人。

一个很有效的方法，就是停止逛街血拼。我们一直抱怨没时间做人生中重要的事情，既然如此，为什么要把宝贵的时间和有限的生命浪费在胡乱逛街呢？

另外一个小妙方，就是尽量避免暴露在广告的洗脑下，无论是报纸杂志的广告，或是电视和网络的广告都一样。广告基本上就是在蛊惑人掏钱购买不必要的东西。此外，我们信箱里那些不知从哪里寄来的各种广告传单，也常常使人困扰。这里提供一个小妙招，只要一张纸就行了，你可以在纸上这样写：

谢谢
我们不要广告
传单

谢谢
免费报纸也
不要

在信箱上贴一张简单的告示，表明谢绝广告传单，就会有神奇的效果！
（详见第 10 章）

整理你家的秘诀——断舍离

既然我们现在已经停止囤积更多的东西，就可以抽身出来，重新评估自己真正的需求是什么。

如果你的目标只是减少垃圾的制造量，这个步骤可以略过。但我坚信，重新进行一次大规模的评估，可以为过一个全方位的永续生活奠定良好基础。

跟拥有的东西彻底地断舍离[1]，只保留需要用到的物品，这样的观念可能很吓人。我本来是很喜欢收集东西的人，也许还有点囤积癖。我对拥有的东西有强烈的情感依附。然而，这几年来我开始享受这种愈来愈简单的生活，而且带来许多出乎意料的好处：

维护变少了。

清理变少了。

家中乱七八糟的景象变少了。

担心变少了。

我大感解脱，而且爱极了家里蜕变成现在井然有序、干净整齐的模样。

---

[1] 日本的杂物管理咨询师山下英子所提出的新整理术，即“断绝不需要的东西，舍去多余的事物，脱离对物品的执着”。

挑战

为什么断舍离是可持续生活的实践方式？

- 这个世界现有的物品已经够了。把非必需的东西转送出去，意味着可以减少消耗已经稀缺的资源去生产新物品。

- 乱买的、未使用过的物品，或是过剩的东西，就和使用一次性物品一样浪费。把这些东西囤积在家而不想办法重新利用，或把不能用的东西送到垃圾填埋场，只是在拖延问题而已。

- 明智、负责任的清理方式，不只是把一些东西丢弃，也意味着把家中积满灰尘的东西拿出来好好利用（重复使用或升级改造都可以）。万一不能重复利用或升级改造，就尽量回收再利用可利用的零部件，以取代初始资源的消耗。

你可能听过这个名词：共享经济（sharing economy）或接触经济（access economy），简言之，它的意思就是使用权胜于拥有权。把我们偶尔才需要用到的东西（如工具）或休闲设施（如游泳池）与人分享，这是很合理的做法。

你可以在脸书的地区社团、分类广告网站 Craigslist 等平台与人共享、出借或交换每一样东西，从缝纫机到婴儿衣服，从厨房用具到运动用品，不一而足[1]。在欧美，一些社区已经在公共空间设立小型公共物品馆（类似公共图书馆）。

[1] 目前在中国，物品共享方面，共享车是一个很好的例子；物品的可持续利用方面，闲鱼的二手市场值得夸赞。（编者注）

实用小妙招

“共同取得”（collective acquisitions）是另一种很棒的做法，你可以选择和其他家庭成员或街坊邻居共同取得某些地方或物品。这种做法强化了社群感。如果你再完成断舍离计划后，发现有空出的库房、车库或地下室空间，为什么不把它拿来作为共享空间呢?

挑战

时间较少时的整理法

- 每天拿五到十样你看到的东西，把它们放进一个盒子里。从“向重复的东西说再见”开始。你可以选择一个安静的日子，整理分类盒子里的东西。

时间充足时的整理法

- 我自己偏好分类清理的做法，例如，分成鞋子、办公用品、厨房用具等来清理。举例来说，我把所有办公文具用品集中在一处，提醒我不要忘了其他房间的杂物抽屉里还有更多。但许多人喜欢按房间来清理。选好哪些物品是你想保留的，而哪些是可以转送出去和回收再利用的。

如何负责任地转送物品

- 在玄关或门厅设置一个转送小架子，这样每个来访的客人都可以把对自己有用的物品带回家。

- 在你所在的邻里、小区设置一个免费的迷你物品图书馆，但不要把这里当作你的垃圾场。

挑战

- 只把状态良好的物品捐给社会组织（请确定这些组织不会把它们贱卖给经济较为落后的国家，这会给当地市场带来负面冲击）。

- 大多数的公立图书馆都会接受民众赠书。

- 通过脸书的社团功能或分类广告网站 Craigslist，来销售或转送物品。

- 总会有一些东西无法修理或改造。可以的话，把这些物品回收再利用，以减少初始资源的消耗。如果不行，请记住：延后处置这类物品并不会使其免于被掩埋或送进焚化炉的命运。

Chapter 3

怎么买，在哪里买，带什么买？

ROSINEN
ate
DE-ÖKO-012
Nicht-EU-Landwirtschaft
Nährwertangaben pro 100ml
Energie (Brennwert)
Kohlenhydrate
davon: Zucker

先搞清楚卫生标准与法规

垃圾要减量，学会如何摆脱食品的包装是非常有效的一招。这不仅适用于购买食品杂货，也适用于你在上班途中买杯咖啡，或是在校园课间休息时间买个沙拉就走。

居家的垃圾桶里，常常可以看到食品的包装。大量的包装被我们拆下来丢弃，也就是说，大部分垃圾，都是跟着食材一起被带回来的。

为了把垃圾减到最少，我们自备容器到食品杂货店、大卖场或餐厅购买食物，就不会再多浪费一个塑料袋、外带餐盒或免洗餐具。你可能这样做过，却被店员拒绝了，理由是这违反了健康及安全法规。“很抱歉，但这不符合健康及安全法规。”这可能是你听过的说法。乍看之下，我们对这样的情况似乎什么都做不了，毕竟，我们没办法在结账柜台前改变法规。真让人沮丧，于是我们把容器收回，胡乱塞进购物袋中，却从未质问这项规定的真假。

然而，多数情况下，这项法规纯属子虚乌有。会用（有时候不存在的）健康法规来拒绝顾客要求，主要是大多数餐饮业者为了让难伺候的客人闭嘴，而使出的一种有效手段。其实，多数时候，并无明确的法规限制顾客使用自备的容器或袋子，说穿了，那不过是约定俗成罢了。所以，有时候会发生这个卫生检查员说可以，那个卫生检查员却不准的情况。

尤其是连锁餐饮业者，担心会被人告上法院，所以都制定了非常严格的店面政策。请记住，大多数值班店员之所以会拒绝顾客的要求，只是因为害怕惹上麻烦，或觉得通融你是一件麻烦事。一个简单有效的解决办法，就是趁其他店员值班时再试一次。

实用小妙招

越小的商店，越容易接受顾客自备容器，例如：小蔬果店、有机商店、农夫市集……

大型连锁超市或连锁的食品杂货商店，大部分商品都是包装好的，它们通常会制定严格的店面政策，比如没有机动性和弹性，有时候甚至连店经理都无法决定可否接纳顾客自备的容器。

哪里可以买到散装食材？

这要看你住哪里，你可能很轻松就找到许多贩售散装食品的商店，也可能很困难，根本找不到。正如每个人需求不同，面对的挑战自然不一样，我们也有不同的软硬资源可以使用。我们对此没有一体适用的解决方法。把一年的垃圾量压缩到只剩一个玻璃罐大小的容量，就你目前的状态而言，可能是遥不可及的目标——但这完全不成问题。

零废弃不是一定要做到完美无缺，而是量力而为，做出更有益的选择。在你力所能及的范围内，尽可能多支持比较永续或是最永续的产品或做法，逐步朝着垃圾极少化的方向前进。

花点时间重新了解你居住的地区，看看哪里有贩售散装食品的商店。只要你开始搜寻，就会发现这样的店其实不少，网络上更多！你可以从相对容易的（说白了，就是最基本的）必需食物下手——散装新鲜蔬果。即使今天有许多杂货店喜欢把水果和蔬菜用塑料保鲜膜包装，也有许多散装蔬果可以选购。

无包装 / 散装商店

无包装 / 散装商店如雨后春笋般在北美洲和欧洲各地冒出。每家店的商品都不同，但贩售的物品不乏干货、居家用品到无包装的个人护理用品，以及任何零废弃生活所需的其他物品，都可以在这里找到。如果你居住的城镇就有散装商店——你真是太幸运了！但绝大部分的人可能就没那么幸运了，所以一定要亲自去看看以下其他选项。

散装商店一角，贩售着散装的生活用品。

当地的食品合作社

食品合作社（Food Co-ops）基本上是由多家食品杂货店共同拥有。每家合作社互有不同，但都有强烈的社区意识，它们很重视社会责任，并以供应天然食物到更多消费者手上为目标。一些合作社对外全面开放，也就是说每个人都可以来此采买，但会员可享折扣。其他合作社则只对会员开放。

食品合作社是一种社区导向商店。如果你决定加入成为合作社的会员，就能发挥一己之力形塑它的经营面貌。会员有权针对一些议题进行讨论并付诸表决。如果你觉得买得到有机食物和无包装商品很重要，就让其他人知道！

图片来源：Katja Marquard

进口食品杂货店

你住处附近的南美、印度、东南亚、中东或其他国家食品杂货店，永远值得你抽空去逛逛。除了散装蔬果，它们还供应豆类、谷物、米或香料等散装干货。有些还设置了熟食柜台或是自制的烘焙食品，只要你用友善、开明的态度询问店家的意愿，他们一般都很乐意通融你用自备容器盛装。如果你要找古法制作的（无棕榈油）橄榄油皂（详见第 6 章），中东杂货店是好去处。在亚洲超市，一般都能买到新鲜的无包装豆腐和散装米。

本地农场

你可以略过大型连锁量贩店，直接到本地农场采购，以支持本地经济。视农场供应的品项而定，你可以买到蔬果、鸡蛋、乳品和肉品。视季节而定，你可以在开放民众采摘的农场（U-pick farm）挑选你要的莓果。

各地的农夫市集

嗯，我喜欢农夫市集[1]！这是另一种很好的选择，来支持本地经济（跳过中间商）。农夫们通常都很乐意收回塑料袋或纸盘，以重复使用，这可以帮他们省钱。

[1] 目前中国不少城市都有由消费者志愿发起和组织的有机农夫市集。（编者注）

图片来源：Katja Marquard

有机食品店、生机饮食店

有些这类商店会设置散装区。不过，它们对于顾客携带自己的环保袋和容器的政策，则各有不同。我自己的经验是大型连锁店在这方面的政策反复无常，经常变来变去。有些店家在结账时会同意帮我们把自备容器的重量扣除掉再称重收费。如果不行，你就固定用较轻的环保袋。我们很少会征求店家的同意，因为最糟的情况就是被告知下次要使用它们的塑料购物袋。

挑战

挑战减少对动物制品的消耗

- 你知道吗？减少对动物制品的消耗，是另一种善待地球的很好的方式？所有动物制品都会产生大量的碳足迹，而且严重消耗地球资源，令人震惊。
- 那你知不知道？联合国教科文组织的研究报告指出，仅仅生产约 0.45 千克的牛肉就要消耗掉高达约 1 002 升的水 [1]。

面包店

带着你的干净环保布袋，请店员把面包拿给你。你也可以把自备容器放到柜台上，请店员用夹子把蛋糕或其他糕点放进去。如果你说话客气有礼，一些小面包店甚至愿意零售散装的面粉、泡打粉、酵母粉或种子给你！

茶行

散装茶叶是明显的零废弃选择。绝大多数的散装茶叶可以回冲三次，高档茶叶甚至可以冲上 20 次！是啊，这类茶叶确实非常昂贵， 但你花的钱

[1] Mekkonnen 与 Hoekstra，《农畜和动物制品的绿水、蓝水和灰水足迹》（*The Green, Blue, and Grey Water Footprint of Farm Animals and Animals Products*）, 5。

最终让你享受到了香气扑鼻的美味茶茗。请拿着自备的罐子，到附近茶行装填你要喝的茶叶。

咖啡烘焙坊

就像茶行一样，咖啡烘焙坊通常也很乐意接受客人自备容器。烘焙咖啡是一门技艺，我们也乐于展现对这门手艺的欣赏。如果我们用会释放出毒素的塑料容器来盛装咖啡师精心冲调的咖啡，难道不会觉得难为情吗？

传统市场的肉贩或蔬果店

小店铺几乎都会比大型连锁店更加通融。不过，碰到肉品和乳制品，你可能还是要让步。即使是小店铺，也会对是否准许你把从家里带来的自备容器放到它们的磅秤上感到犹豫。如果店里有熟食柜台，你可以要求他们使用店里的盘子来称重，然后你再把所有购买的食物放进自备容器中。当然啰，对环境友善的选择仍然会减少你对动物制品的消耗。

意式餐厅

这要看你住在哪里，或是你经常光顾哪家食品杂货店而定，你看到的最环保的意大利面包装可能是有透明塑料视窗的纸盒。不想买包装产品，或者你只想食用更可口的新鲜意大利面，可以选择自制的手工意大利面，不妨寻访仍然有供应自制意大利面的意式餐厅。

自己动手做也是一种选择。虽然比较花时间，但非常值得，而且你真的会因此而得到充分的运动（详见第 4 章）。

供应自制意大利面的意大利餐厅，常以自己的手艺为傲。告诉餐厅你想单买他们的意大利面，是表达你欣赏店家手艺的很棒的方法。

社区支持农业

CSA（Community Supported Agriculture）是一种联结生产者与消费者

的生产模式。消费者通常可以通过付费成为农场会员，直接向农场订购果蔬。消费者支付月费或年费为农场的经营成本买单，反之，他们可以拿到农产品作为回报。换言之，农场每星期或两星期会把当天采摘的新鲜农产品，实时送达客户手上。

这套系统让农场摆脱不合理的（世界）市场价格，廉价收购往往导致不良的工作环境，以及牺牲环境的短视近利行为。反之，客户可以享受到本地新鲜可口、极富营养价值的农产品。

许多 CSA 农场整年都会举办友善家庭的活动，有些农场甚至提供以打工来抵订户费用的选择，是经济吃紧家庭的一大福音。

熟食店

熟食店经常提供自制食物，有熟食柜台供顾客买色拉、酸辣酱、意式餐前小菜或起司。带着你的自备容器，满脸笑容应对，他们很难拒绝你的零废弃需求。幸运的话，他们还会卖散装香料和茶叶给你。

甜点专卖店

冰激凌、巧克力、甜甜圈、糖果或杯子蛋糕等专卖店，都是拿出你的容器与展现和悦笑容的理想选项。我还是要说，避开大型连锁店，选择本地的家族自营店，他们会更乐意接待自备容器的顾客。

图片来源：Katja Marquard

精酿啤酒专卖店

这类啤酒专卖店一般都会提供外带壶来补充啤酒。他们有一种用二氧化碳来密封酒壶的机器，可以防止啤酒没气走味，所以自备瓶罐并无用处。请相信我，我曾带着一个约 1.9 升的梅森玻璃罐进去，离开时我的梅森罐依旧空空如也，口袋却少了五美元，因为店家要我购买啤酒专用的外带壶来代替。

百货公司的超市或大卖场

百货公司似乎从来都不是明显的散装采购选地。但有些百货公司的超市设有熟食区，可能还会贩售散装糖果[1]。总之呢，就像大型连锁食品杂货店，百货公司店员可能没什么弹性不够灵活而会拒绝你。

中药行

如果你路过中药店铺，可能会看到一些店里有很大的罐子或其他容器，里面装着各式各样的药草和干货。不要觉得不好意思，直接进去，然后询问你要用来酿制麦根啤酒或其他你喜欢的草饮的药草。来到了这里，你可能也会想要买香料。

酱料专卖店

想购买散装的液体食品（例如，油与醋）会比较棘手。一些生机饮食店[2]会提供填充服务，你的住处附近可能也有油与醋之类的专卖店。但更贴切的说法是，它们贩售的可能是顶级油醋，这可以从标签上的定

[1] 在中国，许多大商场或超市都设有熟食区和散装干货区。（编者注）

[2] 只有纯粹的植物性食物、不包含动物性食物的素食店。（编者注）

价看出，有机油醋也很稀少。我们自己则喜欢在本地购买所能找到的最大容量玻璃瓶装有机油和有机醋。

采摘野生可食植物

可以鉴别哪些野生植物、坚果、果实和菇类可食用。这不只是一项绝佳的求生技能而已，野生采摘园很有趣，长期下来也会减少你的食品支出。但你要确定是在获得准许的特定林地采摘野生植物，请不要擅自在原始森林采摘。

请谨记这点：
在买不到的情况下，
DIY 是很棒的选项。
保持简易是关键！

多久采购一次最恰当?

我们归纳出一套好方法，让你可以轻松购。下面是各类食材与生活用品的采购建议:

我们通常每星期采购一次蔬果，偶尔会买上两次。你可以在自己的袋子里、办公室抽屉或车里，放一两个布袋，以备不时之需。如此一来，你随时可以采买!

每六到八星期采购一次干货、油、醋和咖啡，这个时间应该绰绰有余，因为这类食品可以保存一段较长的时间而不会变质。你可能要分头到不同

英国伦敦一家干货店。图片来源：Hanno Su

图片来源：Katja Marquard

的商店采买，所以聪明的做法是集中采购行程，以维持最精省的采购频率。不同于采买蔬果的行程，你必须先拟好采购店家的先后顺序，以确保有足量的环保布袋、自备容器和瓶子来盛装。

其他消耗没那么快的物品，大概一年买一次。香料、茶叶、竹牙刷、木刷，以及制作清洁用品和身体护理用品的材料[例如：小苏打（食用苏打）、洗涤苏打（又称洗涤碱、碳酸钠、工业用苏打）、柠檬酸、肥皂、洗发皂、精油等物品]，不是很好买，或者只需少量就够了，因此一年只需买一次，甚或更久。而且，这些东西只占极小的空间，这对我们是好消息。

一些用品，像是竹牙刷或蚕丝牙线（详见第6章），你可能得上网订购，我建议你团体订购，也就是大量采购以及跟朋友合购，以节省外包装的使用量和减少运输的污染排放。

这只是一份参考指南，提供你找出哪些建议适用你的情况。在摸索过几次后，你就能找到适合自己、最有效率的采购法，然后会逐渐化为习惯，最终内化成你的第二天性。

购物时的八种小帮手

在采买散装的食材与生活用品时，你会需要一些辅助用品来装你采买的东西，让购买的过程更顺利。不同的东西，例如，新鲜食材、熟食、干货、酱料、饮料等，都需要不同的容器来装。你可以视自己的采购情况，选择喜欢的购物小帮手。

洗衣网袋：购买散装蔬果最好用

洗衣网袋非常方便，因为不仅很轻，称重收费时几乎可以忽略不计，结账店员也能看到里面装了什么东西，一目了然。不过，网袋的设计本来是用来装袜子和胸罩，而不是装重 2 千克的胡萝卜，所以用的时候要小心，不要拿来装太重的东西。

一般的洗衣网袋在很多地方都可以买到，至于功能专一的蔬果网袋，你可以在有机食品店买到，或至零废弃生活实践者杰西·史托克（Jessie Stokes）开设的网络商店（Tiny Yellow Bungalow.com）网购[1]。如果要说

[1] 中国的各大电商平台都售卖洗衣网袋、蔬果网袋，搜寻关键词即可找到相关商品。（编者注）

个具体数字的话，我们很少一次采买会用到两个以上的蔬果袋。如果买的量不大，我们就直接把散装蔬果放进购物推车或购物篮里，不用袋子装，就让蔬果光溜溜地顺着结账输送带前进。大部分结账店员都会默默接受。我们只用袋子装莓果等小东西，或是买了大量的土豆或胡萝卜时可以用。

购物布袋：我的秘密武器

我随时会准备一个干净的布袋在我的包包里。此外，我不会只把布袋拿来装食品杂货。虽然我很少购买食物以外的东西，但还是可以把其他东西装在布袋里。

任何时候你忘了带便当或是餐盒，干净的布袋就能随时派上用场。我

有时候会买一整条面包，然后津津有味地吃了一些后，就会用布袋把剩下的面包打包带回家。或者，买了墨西哥卷饼，直接用布袋装，可说是打包、外带两相宜。

我们也会使用购物布袋购买大量的干货，比如 2 千克重的燕麦，或是好几千克的干椰子脆片。你还可以把布袋折叠起来，当作盘子使用，来盛放从餐车购买的热狗和松饼。我平常喜欢自备不锈钢便当盒，但有时候我身上就只有布袋。

小型束口袋或玻璃罐

小型束口袋或玻璃罐很适合拿来装干货，比如坚果、燕麦、干豆，甚至是肥皂。玻璃罐非常方便，因为你不用把干货倒出换成其他容器，就能直接原封不动地放进食品储藏柜。只是不是每家店都会扣除自备容器的净重，这时你就可以用较轻盈的布袋来称重。

实用小妙招

用可擦拭水笔在罐子上做标记

使用可擦拭水笔在玻璃罐上写下罐子的净重，以及农产品的 PLU 四位码，这样罐子的重量就可一目了然。如果你不想在玻璃罐或布袋上做标记，或是没有可擦拭水笔，也可以记录在手机里，或是拍照片记录，方便日后快速查找。

广口漏斗（玻璃罐专用漏斗）

如果不用漏斗，在把面粉装罐的时候可能会撒得到处都是，所以记得要随身携带一个。

实用小妙招

用来倒洗碗机软化盐的漏斗，通常也适用于玻璃罐！这种漏斗一般为塑料制品，店家用来装散装食品的容器也多为塑料制品。但至少漏斗只短暂接触食物。

食物保鲜盒或玻璃密封罐

食物保鲜盒和玻璃密封罐的用途非常广泛，它们适合用于装以下三种类型的食品：

- **含水的食物，**例如橄榄、豆腐、肉类、鱼、鹰嘴豆泥酱和色拉……
- **会沾黏的食物，**例如蛋糕、传统油酥糕点、奶酪、糖和一些果干，等等。
- **粉状食品，**例如面粉、可可粉和小苏打，等等。

有分格的随身手提袋

我们过去习惯把玻璃罐装进一个大手提袋中提着溜达出去，在玻璃罐与玻璃罐间塞满餐巾纸——但有时候还是会有一个玻璃罐掉出来！有了瓶子专用的分格提袋，带着玻璃罐出门就方便多了。

先在家里用水笔在自备容器和袋子上写下它们的净重，而非每次再让店员称一遍

不过，要看手提袋的设计而定，不是所有玻璃罐都适用。毕竟，这种手提袋是专为瓶子而非玻璃罐设计的。

用锡罐装茶和咖啡

茶和咖啡最好装在深色的锡罐或容器里保存，防止变质走味。

购物袋、购物篮、购物推车

除了购物袋／篮／推车之外，还有很多袋子可以用来购物，例如，背包（健走用）、大型旅行袋，等等。有许多可重复使用的环保袋选择，来取代一次性购物袋。

零废弃的采购小技巧

● 采购时，避免用塑料袋装果蔬，用手拿或用推车推到柜台结账。这样做看起来不怎么方便，结账店员也不喜欢，但你总是能选择这样做，尤其是在你忘了带可重复使用的环保蔬果袋时。

● 写好你的购物清单，以免受到诱惑而购买（不健康的）包装食品。另外，不要在店里闲逛。

● 带着满脸笑容，用真挚和善的语气跟店员说话。我们都喜欢别人用客气和欣赏的态度来对待我们。如果你在服务业工作，就会知道做这一行的压力有多大。特殊的要求可能不符既有的作业流程，而让店员感到为难。所以，想办法尽量让店员乐于接受你的不情之请。

● 成为老主顾！这样做能让宾主尽欢。店员会知道你有零废弃优先的习惯，你也不用每次都要重新解释一番。家族经营的商店看到你成为他们的回头客，会觉得持续通融你的要求是值得的。

● 你的态度就是关键！假装零废弃购物是世界上再平常不过的事，越是表现正常越不会引起注意。店员会认为你已经与主管确认过或得到了允许，否则你不会看起来一副习以为常的模样。有次，有个大型连锁超市的结账店员甚至以为我们用来装蔬果的洗衣网袋，一定是店里新增加的贩售商品之一，还很努力找定价标签！

● 对店员保持客气有礼的态度。在零售业工作所承受的巨大压力不可言喻。他们有自己的作业流程，任何特殊要求都可能会破坏既有流程——他们在当下可能就是没有通融你的空间，或者他们那天就是不顺心。我们会设法在用字遣词上提出简单的解决办法来提出我们的请求，让店员觉得对我们说“没问题！”比说“不行！”更容易。举例而言，我们会说：“喔，我不需要那个，请直接放进我们自备的容器中。”我也会设法跟他们闲聊几句，逗他们笑。如果你也跟他们一起大笑，气氛一定会更加融洽，人们在开心时当然也会更容易通融你的要求[1]。

- 一般来说，店员只是害怕惹上麻烦——有谁会想要冒着丢掉饭碗的风险呢？如果有，通知一声吧。你可以询问地方当局关于卫生法规的详情，这样一来，你才能告诉柜台你的要求并未违反法规，这会有助于说服他们。

- 当店里被人潮给塞爆时，不要在这时候提出特殊要求。店员可能会在其他时候通融你，但绝不是在他们为出餐而忙得不可开交时。

- 我们有时候也会被拒绝。我们尊重这样的决定——只是暂时接受。如果我们觉得被拒只是因为店员不想惹麻烦，我们很可能会装傻再试一次。有时候，你的运气取决于在对的时间问了对的人。

[1] 中国早已开始提倡民众自带购物容器。结账时，许多大型连锁超市的店员会主动问顾客是否需要塑料购物袋，如果需要才会有偿提供。塑料购物袋很便宜，一毛到三毛钱一个，这样一来，抵制塑料、提倡环保的事更依赖于民众的自觉。（编者注）

越来越多来店家鼓励客人自备容器

外出时的外带小帮手

当我们外出时，不论是要带家里的食物出门、带外面买的食物回家，还是要在外面找个地方享受你刚买的外带食物，你都有除了用塑料袋装之外的选择，而且一点也不难。你唯一要做的，就是先了解哪种食物容器符合你当下的需要。

带家里食物出门

• 不锈钢餐盒 / 保鲜盒（0.7~ 1 升）

这种容量最适合装三明治、切片蛋糕、水果或一整块肉。

当你的塑料食物容器到了该换的时候，可以考虑换成耐用的不锈钢餐盒。就我的极简主义观点来看，每家每人只需要一个或两个食物容器。不锈钢餐盒乍看之下似乎有点贵，但可以用一辈子，所以长期下来还是可以为你省钱！

• 布巾和碗盘擦拭布

你会很惊讶地学到，以一块布来装东西（连你的头与身体都可以用），竟然可以用如此多简单、巧妙和神乎其技的方式！使用把八成营收用于种树的搜索引擎 ecosia，搜寻关键字“furoshiki technique”，结果会令你惊异，你将学到许多种使用布巾的技巧！因为我们的手艺不是那么灵巧，所以只固定使用几个基本技巧，用碗盘擦拭布来打包三明治、墨西哥卷饼和饼干，就已经心满意足了。

• **密封玻璃罐（0.5 ~0.75 升）**

密封玻璃罐非常适合用来装色拉和汤品。如果你和我一样懒，不想把食物再倒到盘子或碗里，广口罐是很方便的选择，不用倒出来，打开就可以直接享用。

打包食物回家

若要打包食物，你可能需要一点勇气，来要求餐厅把你点的餐放进自备的容器中。不过，如果你是向连盘子、刀叉都不提供的速食店店或快餐店点餐，你成功的概率就很大。如果餐厅员工对于要把客人的容器带进厨房有疑虑，你可以要求他们用盘子盛装，然后你自己再把食物装进自备的

玻璃罐很适合盛装汤品。

容器中，这就不关他们的事了。

我们第一次光顾一家餐厅时，会带不同大小的食物容器和玻璃罐，让店家自行选择。我们会亲自在店里点餐，否则我们去取餐时，迎接我们的可能是已经装进免洗餐盒的食物了。

出门必备的零废弃随身物品

在分享我的“零废弃随身物品”之前，我想先说说关于在外用餐的一些观念。在表现匆忙的现代社会，这两个观念显得尤其重要。

放轻松点，享受吃的乐趣

一杯咖啡也要带走？为什么要这么匆忙？你可以放轻松点，在店里享受你的咖啡，而不是边走边喝，把咖啡洒得全身都是。选择一家还不错的餐厅，和自己喜欢的人共享晚餐，不要在回家途中随便买个外卖就了事。关掉手机，放轻松，你值得好好享受用餐的乐趣。

点餐时，谢绝一次性的物品

据悉，光是在美国，每一天的吸管消耗量高达五亿支[1]！我每天都会随手捡拾街道上的垃圾，吸管、外带杯、餐巾纸和烟头，猜猜看我捡起的垃圾中哪一种最常见。

[1] Parker，《吸管的战争》（*Straw Wars*）。

我知道要求你跟店家说：“我不要餐巾纸和吸管，麻烦你装在真正的杯子里。”这很需要勇气，如果你是一个害羞的人，挑战更大。大多数咖啡师或服务生的反应可能是耸耸肩，然后快速记下你的点餐，但有些人则会露出十分困惑的表情，这时你可以说：“只是不想用一次性的物品，麻烦你啰！我们正在努力减少垃圾，你知道的，响应环保，爱地球！”这样的回答通常都能引起人们会心一笑，他们甚至会告诉你，应该要有更多人响应，他们也希望那些店里的常客可以现点饮料内用。

带上你的零废弃随身物品

我们都受既定习惯的支配，你会在前往公司或学校的途中买杯咖啡吗？如果会，那么养成随身携带随行杯出门的习惯。总之，任何咖啡品尝起来的味道都会比装在纸杯里香浓多了。没多久你就会养成习惯，就像你轻易就记得要带钥匙、钱包和手机出门一样。

不妨把可折叠购物袋这类东西，放在你一般会放钥匙的地方旁边，或是放进你的包包或车里。

随身组里要有哪些东西？

其实，你真的没必要背着一个沉甸甸的袋子出去逛。你就把它想成是跟平日早上选择该穿什么衣服一样。你可能会看天气状况、场合需要，以及当天的行程，决定今天要穿什么衣服。你可能会穿上工作服，因为要上班。或者，你会盛装打扮，因为你正前往参加晚宴的途中。该携带哪些零废弃装备也是如此，只要把这件事变成习惯，视当天需要配备就好。

零废弃随身组的内容

以下这些是我建议的零废弃随身组。我几乎从未全部携带出门，例如，若有需要自备午餐或晚餐，或者我可能会买个蛋糕或三明治，我就只会带保鲜盒出门。但我随时会在我的袋子里放置几条手帕，和一个拿来装用过的手帕的布袋。

翻下页看
物品细目

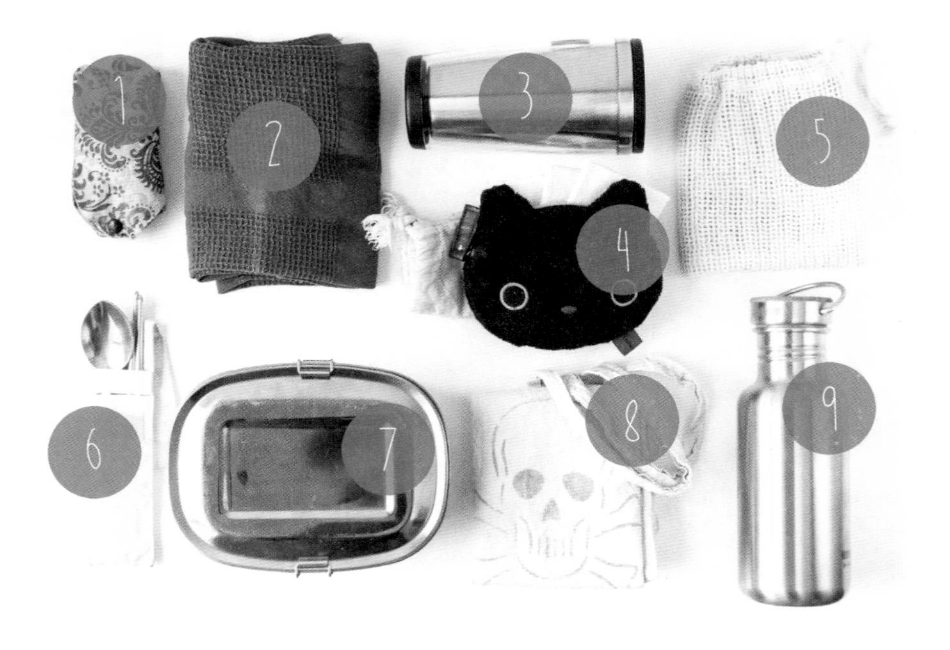

1. 可折叠的袋子。

2. 碗盘擦拭布。非常适合拿来打包墨西哥卷饼、三明治或糕点，拿着边走边吃。

3. 咖啡随行杯。

4. 个人专用的手帕袋，拿来装替代面纸的干净手帕，我会用手帕擦鼻子或是洗手后擦手。我还有一个小袋子拿来装用过的手帕。

5. 装蔬果的网袋。你可以购买棉制或麻制的蔬果网袋，或者直接用洗衣 袋。

6. 环保餐具。你可以在户外用品店购买旅行用餐具， 比如叉勺（spork，兼具叉子功能的汤匙），或者直接利用家中现成的餐具。如果你喜欢亚洲食物，记得自备筷子，因为许多地方只提供免洗筷。

7. 食物容器或保鲜盒。想把在餐厅吃不完的食物打包外带时，它们就很方便。当然，它们也可以用来装糕点，或是拿来装上班要吃的午餐便当。

8. 干净的棉布袋。你可以用来装面包或散装干货，或者就当作购物袋。

9. 可重复使用的水壶。如果你在找金属水壶，选不锈钢材质，不要选铝制的。铝壶会危害健康。就像塑料水壶一样，铝制水壶的内衬也会释放双酚 A 和其他化学物质到你喝的水中。还有，如果水壶受到重击，内衬可能也会受损。如果水壶里的水喝起来味道突然变得怪怪的，你就是在喝铝。还有，食物中含铝也被认为是不安全的。

Chapter 4

不浪费食材的备菜技巧

CO
RE

懒人也适用的零浪费美味食谱

如果你是重视营养又热爱烹饪的家庭“煮妇”或“煮夫”，你会喜欢零废弃烹饪方式的。

过去，在开始零废弃生活之前，我对下厨不是那么热衷，我和老公都不喜欢做菜。我们以前一直靠微波冷冻食品（所谓的电视餐、快餐）来填饱肚子，还把许多垃圾食物吃下肚。

零废弃的备菜方式，是料理真正的食物。
选择天然、没有经过加工的食材，
来取代包装好的即食食品和冷冻食品。

即使到今天，做菜对我们而言更像是例行家务，而非享受烹饪的乐趣。学习下厨做菜是我们转换到零废弃生活时最大的挑战。虽然我们不是那种把备菜当乐趣的煮妇煮夫，但我们在这个过程中，对食物以及照顾好自己的身体，都有了新的体会。

我们刚开始下厨做菜的时候，只觉得手足无措。我们拎着装满蔬果的袋子回家，却完全不知道该如何料理这些食材。老公哈诺和我那时候做菜完全是外行。

我们上网找食谱，但许多料理对我们而言实在是太复杂了。一开始，做菜对我们来说就是一个反复摸索的过程，一段时间后，我们体会到其中的关键在于**让下厨变得简单**！

不需要厨艺的懒人料理法

需要特殊厨艺的复杂食谱，完全不适合我们。我俩常常忘了吃饭，除非有其中一人觉得饥肠辘辘，才会想要快速解决一顿！

以前我们为了节省时间、贪图方便，有时候会用方便的快餐或冷冻食品快速处理一下，就打发一顿。但是，我们现在不再用这些东西来加速烹饪过程了。事实上，想要缩短料理时间、让下厨变得更简单，使用精巧的现代家电是更好的方式。

当然，购买有机食物也是节省料理时间的方法之一。我们过去从未料想到，只买有机蔬果竟能让做菜变得如此省时。

许多水果和蔬菜，比如胡萝卜、小黄瓜和土豆等，其实不需要削皮。你知道蔬果的外皮往往富含大量的营养成分吗？如果它们是照传统方法催长，当然要削皮，因为上面残留了大量农药。

我们尽可能只买本地盛产的当季蔬果，也就是说，我们不会完全按照食谱的要求购买每一样食材。反之，我们会有创意地运用这个星期里手边现成的食材来烹饪。我们在下面提供了一些自己的即兴料理，让你也可以利用手边现有的任何食材下厨。

炒饭

（烹饪时间：约25分钟）

把这星期冰箱里剩余的零星蔬菜吃完，这绝对是很好的利用方式。

做法

1. 把米放进电锅里煮15~20分钟左右。
2. 把炒饭的食材剁碎和切丁，在大长柄煎锅里加点油拌炒。我们通常选用的食材有洋葱、大蒜、家中现成的蔬菜，还有豆腐。
3. 把炒过的蔬菜和豆腐放进一个大碗里，把煮好的饭倒进同一个煎锅炒几分钟。把炒过的蔬菜、豆腐再倒回锅里做最后的拌炒。
4. 加进一些你自己喜欢的调味料，例如一点辣椒粉、花椒粉，或只加酱油和芝麻油。

煎土豆拌炒蔬菜

（烹饪时间：约 30 分钟）

很简单的一道菜，除了土豆外，也可以选择任何你喜欢的食材。

做法

1. 把土豆切丁（我们偏好低淀粉土豆），放进锅里蒸煮。切丁再蒸可以节省能源，烹饪更省时。
2. 把大量洋葱和其他你想要加入的蔬菜切碎。我们喜欢加入栉瓜，但绿花椰菜、甜椒、蘑菇、豌豆或其他绿色蔬菜也很好。
3. 把油倒进大长柄煎锅里加热后，放进洋葱翻炒。加进蒸过的土豆，煎至金黄色，适时翻搅。
4. 把土豆盛出，将其他蔬菜倒进锅里翻炒，再加一点油，炒两三分钟。
5. 加入盐、胡椒粉、红椒粉或新鲜香草调味。

农夫炖

（烹饪时间：20~30 分钟）

你几乎可以用任何食材炖煮这道菜肴。如同炒饭是把一星期里冰箱残余的蔬菜消化完的一种很好方法，这道菜也有相同的功效，你可以轻轻松松地炖出一道美味的料理。

做法

1. 把比较慢熟的食材（如土豆、脱水豌豆）放进加水或加了高汤的锅子里。

2. 虽然已经开始炖煮，你绝对有足够的时间把其他食材切碎，适时加进锅里。
3. 整个炖煮时间通常只需 20 ~ 30 分钟。依我个人的经验，这道菜肴放到第二天，尝起来最美味！

奶油浓汤

（烹饪时间：约 20 分钟）

我们除了喜欢把各式各样的蔬菜切丁混合在一起，做成农夫炖或炒饭，也喜欢把买回的某种大量蔬菜做成奶油浓汤，通常是便宜得不得了的时令蔬菜。

做法

1. 把主要食材（如胡萝卜）大块切丁。我们喜欢加点坚果酱、低淀粉土豆，有时候也会加进小扁豆，来增加汤的浓度。
2. 煮 15 钟左右，再加一点水，不要太多。
3. 煮好后，加满冷水冷却。接着，放入搅拌机或食物调理机，用最高速搅拌半分钟到一分钟。
4. 根据自己口味调味。注意：搅拌机的马力愈强劲，汤愈浓稠。

碰到没力气做菜的日子，我们吃色拉、燕麦、面包和橄榄，或者只吃一份美味的花生酱果酱三明治，一样吃得津津有味。

相比于加工食品，我们注意到全食物，特别是荚豆与全穀食物，会维持更久的饱足感。反之，大部分加工食品和快餐的纤维含量少，会让人很快产生饥饿感。起初，我们从小量的荚豆和全穀食物开始，后来随着我们的消化系统愈来愈适应，我们在饮食中逐渐增加这两类食物的摄取量。

膳食计划和提前备餐

这两件事都很棒、很重要，但很遗憾，我们目前在这两方面的表现糟透了，我们仍在努力加强这部分。一份妥善的膳食计划可以成为你的救星，更是家庭的救星——它会帮助你防止浪费食物和节省开销。

别想从我眼前偷任何食物喔！

膳食计划是一种绝佳方式，让你可以准时用完现有的食品杂货。你可以选择一周里的某一天，备好一周所需的食物，或者只要有 15 到 20 分钟的空档，就提前预备食材，可以让整个烹饪流程更有效率。

想要更方便吗？派出厨房小帮手！

早在我们展开零废弃生活之前，就知道不该买过度包装的方便速食及加工食品了，这是出于我们对美味的渴望，加工食品的味道跟家常料理根本没得比——但我们却吃了一大堆这样的垃圾食品，因为在一天工作结束后，我们两人已经累到精疲力竭，饥肠辘辘，根本没有多余心力再去完成那些烹饪一餐要做的复杂事务。

我们过了一段时间才体会到，花在处理各种即溶汤包、酱料包、冷冻

挑战

烹饪器具很好用，但不要滥买

- 在你疯狂采购之前，请先三思而后行。你多常使用切片机或剖刀？在我看来，这类单一功能器具，除非像烤面包机或电锅一样，一星期里要常常用上好几回，才值得买。否则，家中一些现成的厨具很可能已足够使用，你要做的就是好好善用它们！
- 如果你已经决定要为自己的“迷你厨具兵团”再添新兵，也许是一台机器或其他用具，那么买二手的就好！

如果坚持无塑生活对你很重要，你可以使用木柄刀具。

蔬菜包的准备工夫，其实与料理新鲜食材所需的时间不相上下。但用那些快餐食材煮出来的东西，味道再好也只是普通的饭而已。我们花了 30 分钟在厨房，到头来只煮出了尝不出什么味道的食物。

今天，我们花相同的时间下厨。即使我们的菜肴非常简单，却吃得健康，而且色香味俱全，也能维持更久的饱足感。我们现在借助厨房用具让下厨更省时、更有效率，而不是用方便的快餐来求快。

从极简观点来看，大多数厨房用具其实可有可无。但如果有了它们，可以协助你在备餐上更加方便，而不再选用不健康、过度包装的加工食品，它们就发挥了效用，成为你的烹饪好帮手。

必备组合：高质量菜刀＋磨刀器

说到菜刀，选购时质胜于量。刀架上全是迟钝的难用菜刀有什么用呢？

不如购买一把好用的高质量主厨刀和一把削皮刀。看家里有多少人而定，你可能想增加菜刀的数量到一人一把，这样就可以全家人一起下厨（开玩笑的啦）。

记得要定期磨刀，以保持菜刀的锋利！

食物调理机／搅拌机

像杏仁奶、花生酱等食物，要散装购买几乎不可能，而花生酱之类的东西也不便宜。有一台高效能搅拌机可以成为你的下厨好帮手，来调理各种植物奶、坚果酱，把砂糖等打成糖霜（粉），还能研磨咖啡豆和坚果等食物。我们本来就有一台搅拌机，拿来打果昔（思慕雪）和奶昔。

功用一：烹饪用

- 烹饪奶油浓汤（手持搅拌棒也能达成；不过，马力越强劲奶油汤越浓稠，即使不加奶油或椰奶）。
- 制作蘸酱和青酱（手持搅拌棒就能达成）。
- 加水剁碎蔬菜，如甘蓝菜（最好只用高效能搅拌机）。
- 制作色拉酱和酱料。

功用二：烘焙用

- 把坚果磨成粉（大功率搅拌机）。
- 制作坚果酱（高效能搅拌机）。
- 把砂糖等打成糖霜（大功率搅拌机）。
- 把谷粒磨碎成谷粉（高效能搅拌机）。
- 制作生蛋糕（raw-vegan cake，也叫生素食蛋糕）（大功率搅拌机）。

功用三：打植物奶或酱

- 自制非乳制饮品：可把黄豆、燕麦、杏仁、腰果、花生、榛果等打成植物奶（高效搅拌机）。坚果和黄豆浸泡时间至少要四小时，燕麦之类不用浸泡。之后把水倒掉。每17克的坚果、谷粒或黄豆加一杯水，搅拌30至60秒后，过滤。如果是做豆浆，过滤后的生豆浆要再煮20分钟左右。
- 自制坚果酱：把腰果、花生、榛果或椰片等打到浓稠滑顺（有必要的话，可以间歇性暂停，

挑战

用搅拌机自制植物奶

- 你可以自制茅屋起司（cottage cheese）甚至是豆腐，做法是把柠檬汁或醋加进豆浆或坚果奶里（这不适用于燕麦奶这类豆穀物奶）。

- 你也可以用坚果酱调制出速食坚果奶。四小勺坚果酱加一杯热水，或加入冷水用搅拌机搅拌就完成了，不必过滤。椰浆因为很容易遇热水就溶解，尤其适合这样做。若要自制少量的坚果奶，这是很方便的做法，只需打出你要喝的量，可以防止食物浪费。

- 如果你无法自己做坚果酱，而必须到店里购买玻璃罐装产品，仍远优于买盒装坚果或坚果奶。一罐340克的杏仁酱可以做出4.85升的杏仁奶，或超过2.5盒大盒装的杏仁奶，成本只比等量的杏仁奶市售价格的一半多一点点而已。此外，玻璃罐也是一种环保容器，饮料纸盒则很难回收再利用。

挑战

- 你知道吗？美国著名的《赫芬顿邮报》（*Huffington Post*）的报道指出，市售杏仁奶只含 2% 的杏仁[1]，剩余的 98% 都是过滤水。比起来，用杏仁酱自制杏仁奶不仅更美味，也有助于减少交通运输产生的污染排放物，因为没必要为此运水到全国各地，实在没意义。

- 你知道有些市售豆浆机可以拿来做豆浆，和其他植物奶、奶昔，甚至汤品吗？我们在许多年前添购了一台高效能搅拌机，随后就把家里的豆浆机转手卖掉了。不过，如果你觉得高效能搅拌机的价格实在是太贵了，豆浆机也是很好的选择。

冷却搅拌机）（高效能搅拌机）。

功用四：制作饮品和清洁用品

- 研磨咖啡：不一定非得这样做，因为许多贩售散装咖啡豆的地方都会提供研磨服务。不过，现喝现磨最能品尝到咖啡的香醇。
- 捣碎香料：有些香料不零售，如果你没有杵和研钵，就能使用搅拌机把香料磨成粉。
- 自制（绿）果昔（用大功率或高效能搅拌机皆可）：这是市售瓶装果汁的绝佳替代品。不像果汁，果昔也会让人产生饱足感，而且仍然摄取得到水果里的所有营养素和膳食纤维。但请不要尝试用普通的搅拌机打绿果昔，这会缩短搅拌机的寿命，甚至会报销。
- 店家一般只卖抛弃式饮料杯装的奶昔和星冰乐（法布奇诺）。就在家里自己做吧，记得用可重复使用的环保吸管。好喝！
- 如果你担心用小苏打、木糖醇或盐巴刷牙太过粗糙，会刷蚀你的敏感性牙齿，可以把它们磨成粉状，自制适用的牙膏或牙粉（参考第 6 章）。

---

[1] D'Souza，《领导品牌生产的杏仁奶只含百分之二的杏仁成分》（*Leading Almond Milk Brand Contains Only 2% Almonds In Recipe*）。

制面机

如果你常吃意大利面，但附近买不到市售的包装意大利面（或至少是无塑料包装的意大利面），如果要跟本地的意大利餐厅购买店家自制的意大利面，又太过昂贵，那么，你可能会想要入手一部意大利面制面机。其实你也可以不用制面机，只要有一根擀面杖和一把菜刀就能自己动手做。但这需要一些手工作业和时间，而你可能无法天天都这样做。

大多数的意大利面制面机为手动式。把制面机钳牢在橱柜边，面团放进后会通过压面机和切面机。你需要花点时间，熟悉手动式制面机的操作。

如果你手边已有现成的 KitchenAid 搅拌机，可以另购一组意大利面压面机与切面机配件。该品牌的机组配件和包装都不用塑料——运气好的话，

你可以买到二手机器！如果有自动制面机更能大幅缩短制面时间，让自制意大利面[1]变得轻松又方便。

我们有一部使用 17 年的 KitchenAid 制面机，靠着这部机器，我们自制意大利面的时间与烹调市售意大利面的时间差不多。但我必须承认，直接用市售意大利面来料理，不会像自己动手做那样，把厨房弄得又脏又乱。你可以把自制的意大利面晾干（我们使用衣架），然后就像料理市售意大利干面一样烹饪。

[1] 意大利面可算是接近中国北方饮食习惯的面食，制面机在中国较为常见，大多数中国北方家庭都可自制面条。（编者注）

用玻璃罐储存食物的诀窍

我们的食品储藏柜过去就是一个大杂烩，里面堆满了大大小小开封后的包装食品，有些用夹子或橡皮筋封紧，其他就任其敞开着。我们不断翻箱倒柜，总是要花些时间才能在我们塞爆的食品柜里（过去我们积攒了不少塑料袋），找到要用的东西。举例来说，我们会买一盒新的喜瑞尔谷片，只因为我们懒得打开食品柜查看之前买的喜瑞尔还剩多少。我们会浪费食物

是因为不清楚在食物变坏前，现有的储存量已经超出了我们所能食用的量。环保组织自然资源保护协会（Natural Resources Defense Council, NRDC）指出，把一般的美国四口之家每年浪费的食物换算成钱，约相当于 2 275 美元[1]！把你的食物储存在玻璃罐里可以防止浪费食物。

我们把食物保存在玻璃罐里，不仅是基于美学或健康的理由。当然，食品储藏柜里满是玻璃罐看起来会更加整齐有序，而且食物不装在塑料容器里，就不会释放双酚 A，也就更健康。但主要原因还是把食物存放在透明的玻璃罐里，很容易就能看出还有哪些食材没用完，也提醒你要把它们用完!

此外，把干货存放在密封玻璃罐里可以防止害虫成群出没，保持食品柜的干净。

由于我们过去习惯购买包装食品，自然包装里有多少量就买多少，所以刚开始做散装采购时，顿时不知所措。我们需要多大的玻璃罐来装 453 克的燕麦？我们该买多少个 1.89 升的玻璃罐？或者，我们该换成以加仑为单位的玻璃罐？下面是对我们很有效的经验之谈，希望能帮助你找到适合需求的玻璃罐尺寸，以免买到不合用的玻璃罐。

---

[1] Gunders，《浪费》（*Wasted*），2012。

挑战

重新利用你的玻璃罐

- 当你蠢蠢欲动想要购买一组漂亮的梅森罐或法国密封罐时，我鼓励你重新利用现成的玻璃罐。渐渐地，你就懂得怎么省钱消费，把搭配起来赏心悦目的玻璃罐加以组合使用，而把那些不谐调的玻璃罐拿来装剩饭剩菜，放在冰箱冷藏，也逐渐把旧有的塑料容器汰换掉。你在前页图片上看到我手上拿的玻璃罐，都是旧货再利用。我们到处搜刮，从住家大楼的玻璃回收箱里挖宝，或是从网络平台（通常是分类广告网站 Craigslist）入手，也从公益二手店买了一些。

- 收集玻璃罐，达到1000毫升的都很容易取得。因为你无法每样东西都买到无包装，所以退而求其次，最有可能买到玻璃罐装食物。除非你遇到困难——比如要腌渍食物，需要较大的玻璃罐，而这类大玻璃罐较难找到。

- 那么，你可以设法找到有贩售自制腌物的店家，询问他们是否有多余的腌罐可以出让给你。我们自己就是从 Craigslist 网站上取得我们的 2 升装玻璃罐，并继续张大我们的眼睛搜寻一些容量达到 4 升的玻璃罐。

各种玻璃罐适合存放的东西

以下提供一些建议，关于不同容量的玻璃罐，适合存放哪些食品。当然，每个人的习惯不同，以下谨供参考，你可以选择自己喜欢的罐子来存放想放的东西。

4 升装玻璃罐

- 1.5 千克的面粉
- 2~3 千克的米
- 意大利面
- 喜瑞尔谷片
- 1 千克的燕麦

2 升装玻璃罐

- 1.5~2 千克的糖
- 500 克的燕麦片

1 升装玻璃罐

- 680~900 克的荚豆
- 200~450 克的坚果
- 450~680 克的葡萄干
- 900 克的盐
- 680~900 克的冰糖
- 巧克力
- 200 克的咖啡
- 茶叶
- 它们的容量也很适合装汤和自制的杏仁奶

（左图）只要设法收集瓶盖上没有任何印花图案或古怪颜色的玻璃罐，把这些重新利用的旧玻璃罐组合起来，看起来会更整齐有序。（右图）我们通常把不搭调的玻璃罐拿来储存食物，放进冰箱冷藏；我们不会把食物储存在塑料容器中。我们有时候连标签都懒得撕。

600 毫升装玻璃罐

- 2 杯的玉米淀粉或太白粉
- 2 杯的椰子粉
- 泡打粉
- 小苏打粉
- 种子（例如：芝麻、葵花子或南瓜子）
- 自制的坚果酱
- 我们喜欢直接用标准口与广口品脱罐喝水等饮料！

100 克装玻璃罐

- 香料
- 酵母，如果你喜欢自己做面包或姜汁啤酒
- 亚麻籽
- 自制的牙粉、牙膏，或是我的肌肤保养混合油（参考第 6 章）

200 毫升装玻璃罐

- 提到储存干货，我们确实没用上任何一个 200 毫升容量的玻璃罐，但我们用它们来装自制的果酱和漱口水（参考第 6 章），以及盛装我们所购买的少量尝试性东西。

Chapter 5

制作更纯净的家事清洁剂

把剩余的柑橘果皮浸泡在白醋中，大约需要两星期的浸泡时间

清洁用品必备的五种材料

你注意到了吗？几乎所有市售的清洁用品都有警告标识。比如“有毒”“具腐蚀性”，等等。我的皮肤是敏感性肌肤，我只要清洁家务时没戴手套，皮肤马上会出现过敏反应。所幸，市面上出现了为我们这种过敏性皮肤的人所推出的低毒性、低危险性的清洁用品，也作为环保产品销售，但很可惜的是，这些产品总是采用塑料包装。

哈诺和我过去常常站在货架前良久，绞尽脑汁读着产品标识，设法解开令人费解的成分标识，我拿出手机 App 扫描产品条形码，检视哪个产品所含的有害物质成分较少。

大多数家用清洁剂都含有复杂的化学物质，如果简单的成分就可以达到良好的清洁效果，我们为什么要搞得这么复杂呢？

过了一段时间我们才想通，是我们把事情过度复杂化了。于是，我们开始查找老祖母手工清洁用品的配方，把需要的清洁用品成分简化到只剩五种：柠檬酸、白醋、小苏打、洗涤苏打，和传统的橄榄油手工皂，如果可以的话，我们选择不含棕榈油的卡斯提尔皂（castile soap，Castile 是西班牙地名，制皂配方源自叙利亚阿勒坡的古皂，由于西班牙没有月桂籽油，改用橄榄油取代，就成为百分百的纯橄榄皂卡斯提尔皂）[1]。

[1] 在中国可以通过电商平台网购获取。（编者注）

多用途的清洁小帮手

家用清洁剂中所含的有毒物质，可说是所有清洁用品中最毒的。其实，我们不须让自己和家人暴露在这种危险之下，也能达到同样的清洁效果。以下这些多用途的清洁小帮手，不仅可以清洁居家环境，还能清洁我们的身体！

你需要的所有材料包括：

- 白醋
- 柠檬酸
- 小苏打
- 洗涤苏打
- 一块不含棕榈油的卡斯提尔皂（如天然椰油皂，或是百分之百纯橄榄皂）
- 精油（你可以自由选择要不要添加，以增加香气）

看你住哪里，上述所有材料可能无法全都买到无包装的，甚至连无塑料包装的可能都买不到。万一免不了会产生垃圾，你还是可以选择尽量减少垃圾。所幸，这些材料用途多元，所以值得量贩购买。

材料	市售包装	散装哪里买	好处	该买多少
白醋	市售白醋通常装在约 710 毫升或者约 950 毫升的玻璃瓶中，用塑料瓶盖密封 ★量贩：约 4 公升可回收塑胶瓶	食品杂货店、大型量贩店、健康食品店 ★食品杂货店、大型量贩店	用途广泛	以一个家庭里每人每年用来清洁的量来算的话，大约是 2 升，以上是假设你只根据本书提供的所有配方来使用白醋
柠檬酸	可惜，柠檬酸多以小塑料袋或塑料瓶小量贩售，但有时候也会用硬纸盒包装 ★量贩：大塑胶袋或大纸袋	食品杂货店、大型量贩店、健康食品店、药局、药妆店的罐头区 ★手工艺专卖店、烘焙用品专卖店、酿酒 / 啤酒或制作起司专卖店	柠檬酸可能不容易买到，但值得你想办法入手，因为它的用途很广。1 小匙柠檬酸等于 5 大匙的柠檬汁，或 100 毫升的白醋。柠檬酸还可用在罐头食品、制作糖果、家庭酿酒，或自制泡泡浴球等	以一个家庭里每人每年用来清洁的量来算的话，大约是 100~200 毫升，以上是假设你只根据本书提供的所有配方来使用柠檬酸

续表

材料	市售包装	散装哪里买	好处	该买多少
小苏打	硬纸盒包装 ★量贩：无包装	食食品杂货店、健康食品店、药妆店的烘焙或清洁用品区 ★食品杂货店的散装区、无包装或散装商店	用途很广：可以用在清洁、牙齿护理、烘焙和烹饪上！超好用，但拿来做洗碗机的洗碗粉，消耗得很快	以一个家庭里每人每年的用量来算的话，是 590~890 毫升，以上是假设你只根据本书提供的所有配方使用小苏打（不含洗涤苏打）
洗涤苏打	硬纸盒包装	食品杂货店、大型量贩店、超市、药妆店和五金店的洗衣用品区 ★如果你买不到洗涤苏打，可把小苏打变成洗涤苏打：把小苏打铺在烤盘上，用约 200 摄氏度的温度烤 30~60 分钟	洗涤苏打的腐蚀性比小苏打强，所以如果想用小苏打来取代洗涤苏打（我建议这种做法只用在清洁用途上），用量要比小苏打少	以一个家庭里每人每年的用量来算是 500~700 毫升，以上是假设你根据本书提供的所有清洁配方使用洗涤苏打（包括洗碗机洗碗粉）。只有在清洗时，才能使用小苏打替代洗涤苏打，譬如：你还需要 150~300 毫升的小苏打做其他使用（如：牙粉）

续表

材料	市售包装	散装哪里买	好处	该买多少
不含棕榈油的橄榄油皂，如：卡斯提尔皂、天然椰油皂	硬可回收包装纸	食附近的手工皂自造达人、食品杂货店、大型量贩店	大多数品牌的肥皂都含有棕榈油，甚至连有机棕榈油都会破坏生态的永续发展。合宜的选择是用百分百纯橄榄油或纯椰子油制造的卡斯提尔皂	一个人 600~900 毫升的量就够清洁和护理身体用了
不含棕榈油的卡斯提尔皂：传统的橄榄油手工皂（如：叙利亚阿勒坡古皂）	有时候什么包装都没有，有时候是一个纸套，有时候是外覆一层收缩塑料薄膜	食附近的手工皂自造达人、中东食品杂货商、健康食品店		
精油	小玻璃瓶，内附塑料喷嘴和瓶盖	健康食品店、精油专卖店	用途极广	精油可以为自制的清洁用品增添香气（无味的清 洁剂一开始可能会让人觉得怪怪的），不过就算不加精油，也不会影响它们的效用

耐用的万能清洁剂

以下几项都是很好用的家务小帮手，它们都是由耐用、可生物分解的材质制成的，和后面介绍的清洁剂互相搭配，效果加倍。

- 百分百纯棉或纯竹纤维的旧抹布（可以把旧衬衫或旧毛巾裁剪成适合大小使用）。
- 碗盘擦拭布：清洁之后，用来擦亮和擦干。
- 可生物分解的木刷。
- 木制马桶刷。

有兴趣的朋友可去有机食品店找找看，或上无塑的网络商店（例如，lifewithoutplastic.com）浏览购买。接下来，本书会提供一些好用的清洁剂的制作方法，厨房、浴室、地板、窗户都可以使用。

万能白醋清洁剂

（制作时间：约 20 分钟）

根据德国的民间传说，用白醋清洁密封圈和密封片，会导致它们在一段时间后开始松脱，出现渗漏现象。但我找不到任何相关研究。

材料

- 5 大匙（或 1/4 杯加 1 大匙）白醋
- 1 又 1/4 杯水
- 自由选择：可随个人喜好，加 3~5 滴精油
- 海盐 1/4 小匙

做法

白醋加水后，倒进喷雾瓶中，最后加入精油。使用前摇一摇。

万能柠檬清洁剂

（制作时间：2 分钟）

这种清洁剂没有臭味，也不会使橡胶密封圈和密封片松脱。

材料

- 1~2 大匙柠檬酸
- 2 杯水
- 自由选择：可随个人喜好，加 5 滴精油

做法

柠檬酸加水溶解后，倒入喷雾瓶中，最后加入精油。使用前摇一摇即可。

喷一下再擦拭
就可以看到
神奇的效果！

万能清洁剂的使用方法

就像“万能清洁剂”一词所提示的，你可以把这种多用途的自制清洁剂用在每一件家事上。只要轻轻一喷，再擦拭（或刮除），一切就搞定了。

如果你想要去除顽固污垢，可以这么做：喷一下，等五分钟左右，然后将少量小苏打粉喷洒在顽固污垢表面上。小苏打粉会与清洁剂中的酸性成分起化学反应，可以有效地清除污垢。如果你想要再加一种具刮除功效的活性剂，就用盐。

万能清洁剂可以用在下列地方：

- **厨房：**把万能清洁剂喷在厨房各处的表面上，包括水槽、橱柜台和炉子。使用一支刷子、小苏打或盐去除顽固污垢。用干的碗盘擦拭布擦亮水龙头。
- **浴室：**这种清洁剂对硬水水垢的除垢力，强于我们用过的任何一种清洁剂！是的，万能用途也包含了马桶。把清洁剂喷满整个马桶，直接加 2 大匙白醋或 1/2 匙柠檬酸到马桶水中，静置五分钟后，刷洗，冲掉。你可以滴两滴精油到马桶里，增添浴室香气。
- **窗户与镜子：**喷、擦，再用橡皮刮水器刮拭。如果没有刮水器，只喷在污垢上，然后用一条湿抹布擦净。等干了以后，再用一条干的旧棉布（我们使用一条用旧的碗盘擦拭布）。
- **地板：**把 1/3 杯的万能清洁剂加进装满水的水桶中。

排水管通通乐 （制作时间：2分钟）

做法

1. 1/2杯白醋或1大匙柠檬酸与1/2杯的水混合，放置一旁。
2. 把4杯沸水倒进排水管，接着倒入1/3杯小苏打粉或1/4杯洗涤苏打粉。
3. 现在，把柠檬酸混合液倒进排水管，盖上盖子，等5到10分钟。
4. 最后，用约2升的沸水冲刷。

消毒与除水垢 （制作时间：1分钟）

材料

- 4小匙柠檬酸
- 1杯水
- 也可以使用纯醋而不是柠檬酸加水的混合液

做法

1. 柠檬酸加水溶解后，倒入喷雾瓶中。
2. 使用这种混合液消毒砧板或除去物品表面滋生的霉菌。
3. 喷洒后，静置五分钟，再刮除、冲洗或擦拭干净。

炊具清洁剂

（制作时间：5 分钟）

做法

1. 把万能清洁剂大量喷洒在炉具上。
2. 静置 5 分钟后，撒上小苏打粉，再静置一晚或至少 4 小时。
3. 用湿刷子刮除，最后用湿抹布擦拭干净。

去油不伤手的洗洁精

和前面内容一样，我也要先分享几个好用的家务小帮手，和接下来要介绍的自制洗洁精搭配使用。它们同样是由耐久、可生物分解的材质制成的。

- 使用百分百纯棉布或纯竹纤维的擦拭布（利用旧衬衫或旧毛巾制作最理想）。
- 使用刷毛为龙舌兰或椰子纤维制作的天然材质木刷，来取代塑料刷。建议一段时间就使用沸水刷洗，以消毒杀菌。
- 使用铜或不锈钢材质的菜瓜布，来取代腐蚀性化学物质。

洗碗精（皂块配方）

（制作时间：5~10 分钟）

这种洗碗皂的去油效果不如市售洗洁精。清洗油腻的锅子和碗盘，可以使用卡斯提尔皂。包括磨碎肥皂的时间一共 10 分钟，如果手边有现成皂片，5 分钟内可以完成。

材料

- 8.3 克不含棕榈油的卡斯提尔皂或皂片
- 2 杯水
- 1 大匙小苏打或 2 小匙洗涤苏打
- 自由选择：可随个人喜好，加 2~5 滴精油增添香气。

做法

1. 把卡斯提尔皂磨碎。如果已有现成皂片，跳过这个步骤。
2. 把水加热煮沸后，关火，把磨碎的肥皂加入热水中，用汤匙（不要使用搅拌器）搅拌到完全溶化。
3. 将混合液放在常温下冷却。加入小苏打或洗涤苏打，和精油（加或不加皆可）搅拌至充分混合。
4. 倒进按压式给皂罐。使用前摇一摇。

洗碗精（卡斯提尔液皂配方）

（制作时间：2 分钟）

卡斯提尔液皂的除油力优于皂块。但不用塑料包装的不含棕榈油卡斯提尔液皂，要更加难买，售价也贵得多。

材料

- 1/4 杯卡斯提尔液皂
- 1 大匙小苏打或 2 小匙洗涤苏打
- 2 杯微温的水
- 自由选择：可随个人喜好，加 2~5 滴精油增添香气

做法

1. 把所有材料加在一起，充分混合。
2. 倒进按压式给皂罐。使用前摇一摇。

洗碗机专用干精

（制作时间：2 分钟）

材料

- 3 又 1/2 大匙柠檬酸
- 3/4 杯水
- 1 又 1/4 杯消毒用酒精、伏特加，或就用水来代替

做法

1. 把所有材料混合，直到柠檬酸完全溶解。
2. 倒进洗碗机干精格。

实用小妙招

你可以把用过的切开的柠檬拿来取代

把它们直接放进洗碗机的餐具篮里。柠檬可以除臭，不过它们使碗盘干燥，以及保持碗盘透亮的效力不如干精。你可以使用未经稀释的白醋来取代干精混合液，但效果稍差一点。

洗碗机专用清洁剂

（制作时间：2分钟）

在制作时，使用软水和硬水的配方分量略有不同，我在下面分别列出，你可以依自己的情况选用（想知道你家的水是软水还是硬水，一般都可以在自来水公司的网站上查到）。

材料

如果你有软水

- 4 份小苏打或 3 份洗涤苏打
- 1 份海盐或洗碗机专用软化盐

如果你有硬水

- 2 份柠檬酸
- 3 份小苏打或 2 份洗涤苏打
- 1 份海盐或洗碗机专用软化盐

做法

1. 把所有材料加在一起，充分混合。
2. 每次洗碗加 1 又 1/2 大匙。

实用小妙招

如果你的洗碗机有原盐，每次使用时把盐加满，再加 1 大匙的小苏打或 1/2 大匙的洗涤苏打。

无毒、不过敏的洗衣剂

洗衣粉常以硬纸盒包装贩售，你可能会这么想：“那不是可回收的材质吗？如果是的话，我为什么还要寻找其他的替代物呢？”遗憾的是，问

题不是在于包装纸盒，而在于里面的洗衣粉。

一般的洗衣剂会对环境造成严重伤害。它们含有有毒化学物质、棕榈油，和无法生物降解的添加剂。尤其是大包装纸盒的洗衣粉，含有大量的抗结块剂使其膨胀。你可以参照以下配方，自制不含有毒化学物质的洗衣剂。

洗衣粉

（制作时间：7 分钟）

上面标示的制作时间，是包括磨碎皂块的时间。如果有现成皂片，大约 3 分钟内可以完成。

材料

- 160 克不含棕榈油的卡斯提尔皂块或皂片
- 1 杯洗涤苏打
- 1 杯小苏打
- 自由选择：可随个人喜好，加 10 滴精油增添香气

做法

1. 把卡斯提尔皂块磨碎。如果已有现成皂片，跳过这个步骤。
2. 把所有材料混合，如果你喜欢把皂片磨成粉状，可以使用搅拌机或食物调理机磨碎。
3. 每次洗衣舀一、二大匙使用。

实用小妙招

你可以把旧皂块（如旅馆提供的皂块）用在这个配方中，但不是本书提供的所有配方都适用，因为它们可能含有一些添加剂，你无法得到理想的效果。

衣物柔软精

（制作时间：2 分钟）

材料

- 3 大匙柠檬酸
- 3 杯水
- 或者，你可以用未经稀释的白醋取代此混合液。

做法

1. 把柠檬倒进水中溶解。
2. 每次洗衣，加 3 大匙到柔软精盒中。
3. 每次洗衣加 3 大匙左右。量的多寡不必精准到毫克，照你自己的需求随意调整即可。

手洗精致衣物时，卡斯提尔皂是绝佳选择。如果衣物特别脏，可以加一小匙洗涤苏打清洁效果很棒！

最天然的洗衣剂——马栗

如果你住在温带气候区，附近公园很可能就有马栗树[1]。大约在每年九月和十月，这种免费的纯天然洗衣剂就在街道两旁生长茂密！不过特别警告：千万不要把马栗树的果实（也就是马栗）和一般栗子混淆，马栗是不可食用的。

如果想用马栗来制作天然洗衣剂，需要收集多少颗才够？我的经验是，每次洗衣时，约需 85 克的干燥马栗，或是 100 克的新鲜马栗。我们通常一星期洗一次衣服，一年大约洗 52 次，也就是说，我们一整年需要 5 千克的新鲜马栗（一年 52 个星期，每星期洗一次）。

[1] horse chestnut，又称七叶树，是欧美的主要行道树和庭院观赏树，被上海、青岛等城市引进种植；在国内，我们可以用常见的无患子植物的果皮代替马栗。（编者注）

小知识

马栗树和无患子树

- 无患子在印度被大量使用，但由于欧洲和北美等地需求增加，造成无患子售价暴涨，贵到印度人买不起，被迫改用具有腐蚀性的化学洗衣剂，洗完衣服的废水也得不到适当处理。

- 马栗和无患子一样，都含有皂素（或称皂苷），皂素是一种像肥皂一样的化学化合物。从环保的角度来说，马栗树的果实掉落后，通常就任其在地上腐烂，所以将掉在地上的果实捡拾、收集、并善加利用，绝对是对环境的友善行为。

- 这样做既不会对任何一地的市场造成严重冲击；也不会横越大半个地球载运到世界各地；对敏感性肌肤的人而言，更是一种绝佳的洗衣剂。

- 这是一种纯天然洗衣剂，可生物降解，甚至还免费（应该没有人会不同意吧），不用说，马栗树和无患子树的果实都可以完全生物分解。

如何使用马栗来洗衣服

你有两种选择，使用马栗来洗衣服。一个是先把马栗做成马栗茶，另一个是把马栗打碎装袋。你可以依照自己的喜好选择，以下分别介绍两种做法：

方法一：马栗茶

1. 把约 85 克的碎果放入到 1 升容量的玻璃罐中，
加满热水（冷水也可以）。
2. 在热水中浸泡 5 分钟，或是在冷水中浸泡一个晚上。
3. 过滤后，就可以作为洗衣剂了。
4. 特别脏的衣物，可以再加二大匙洗涤苏打，加强去污效果。
5. 如果你喜欢衣物闻起来有香味，可以照自己的喜好加添 1~10 滴精油。
6. 你可以在下次洗衣时，回冲马栗树茶，只是效果会差一点。你可以把茶渣放在冰箱冷藏一个星期。

方法二：装袋

1. 把约 85 克的碎果放进一只旧尼龙袜里，确定打结打得很牢固。
2. 把袜袋放入洗衣机中，与要洗的衣物一起清洗。

马栗洗衣剂

（制作时间：视情况而定）

我们所需要的制作时间，是到公园里花 30~60 分钟，收集一整年所需的足够马栗，另外花一个半小时处理收集到的马栗，以利长期保存。

材料

事前准备

- 一年所需的足够马栗（5 千克的新鲜马

做法

1. 清洗马栗，然后用布巾擦干。
2. 自由选择：削皮，防止白色衣物被染

栗）

- 一台性能良好的搅拌机或普通的食物调理机（或者一把菜刀加大量的超人般耐心）
- 碗盘擦拭布或烤盘

每一次洗衣

- 85 克切碎的马栗
- 选择马栗茶(方法一)或一只尼龙袜子(方法二)
- 可自由选择：2 大匙洗涤苏打
- 可自由选择：可随个人喜好，加 10 滴精油

色（我们不削皮，因为我们没有许多白色或浅色衣物。即使如此，我们从未发现家里的白色床单有被马栗皮染成棕色的情况）。

3. 把马栗分批用搅拌机或食物调理机搅碎（或是用一把菜刀慢慢剁碎，也是不错的方法）。
4. 把碎果铺在碗盘擦拭布或烤盘上。
5. 放置在阳光下曝晒，或置于电热器旁。
6. 一定要确认干燥后，才能放进大玻璃罐或其他容器里储藏，否则会发霉。

Chapter 6

身体保养品与卫生用品

OLIVA
MAYATI

肥皂的最佳选择

提到洗发水、洗手乳、沐浴乳和洗面乳，我们究竟可以怎么避开塑料瓶？这听起来不怎么令人开心，但却是事实：塑料要经过好几个世纪才会分解成愈来愈小的物质。

从肥皂块开始是很好的第一步。你可以买到无包装或用可回收纸包装的肥皂。它们似乎是再理想不过的零废弃生活的解决方法之一，可惜的是，几乎所有肥皂都含有棕榈油。

棕榈油是最廉价的可用油，对棕榈油的高度需求，导致有不良人士纵火焚烧雨林、非法砍伐林地，以辟出空地来种植棕榈树。这不但大大地破坏自然环境，更迫使定居印度尼西亚、马来西亚和哥伦比亚雨林区的原住民不得不离开家园。此外，雨林蓄积的二氧化碳含量比起世界其他任何生态系统都高得多，因此砍伐雨林所释放的巨量温室气体，对气候变迁（或全球变暖）有极大的影响。

令人遗憾的是，截止到目前，连 RSPO（Roundtable of Sustainable Palm Oil，棕榈油可持续发展圆桌会议）认证的有机棕榈油，都离可持续的标准还差得很远。

不含棕榈油的纯天然油性皂

卡斯提尔皂是一种油性皂。令人遗憾的是，布朗博士品牌旗下所有的肥皂都含有有机棕榈油（甚至连有机棕榈油也都备受争议）。你的最佳选择也许是询问本地的手工皂达人，他们是否有自制或愿意接受制作不含棕榈油的肥皂。据我所知，Kirk’s 品牌的纯天然椰子油卡斯提尔皂是唯一不含棕榈油的肥皂，虽然不是使用有机成分，但它的包装纸采用可回收纸。

我们来自欧洲，所以非常爱用依循古法制作、采用百分百纯橄榄油、有时候会添加月桂果油制成的橄榄油皂。这些肥皂采用中东国家的古法制作，普见于土耳其、希腊和法国，这也是为什么经常可以在具有民族风的商店找到这类肥皂。

卡斯提尔皂的各种用途：

- 清洗全身，包括用卡斯提尔皂洗头、洗脸和洗手。
- 用刮胡刷沾卡斯提尔皂，当作刮胡膏！
- 自制卡斯提尔皂洗碗精（参考 110 页），你也可以直接沾肥皂清洗油腻的锅具和碗盘。
- 自制卡斯提尔皂洗衣粉（参考 114 页），用它来洗精致衣物或预先清除污渍。
- 放几块在橱柜和抽屉里，作为天然驱虫剂。

最棒的保养品就在厨房里!

肌肤清洁

纯天然卡斯提尔皂是很好的全身护理圣品。只要把肥皂抹在洗脸的毛巾、丝瓜络或手上，就能使用。泡澡时，把肥皂在身上来来回回搓洗几次，就能洗净。

我的整套身体护理用品：橄榄油皂、苹果醋和食用油。

肌肤护理

你可以只花很少的钱就能拥有纯天然肌肤保养品。如果食品储藏柜已经有你需要的一切东西，为什么还要花大钱去买呢?

根据英国《每日电讯报》（Telegraph）的报道，一名普通女性每天涂抹在身上的化学合成物高达515种[1]！当然，每一种化妆品都受到法规控管，但是我们每天例行使用的美妆及保养品中所含有的化学合成物，却快速增加，而且不断有新的化学合成物因此曝光。相比之下，有机食用油不仅安全——你可以照字面意义名正言顺地吃下肚也没问题——也比药妆店的美妆用品便宜。

依照肤质选择适合的保养油

想想看食用油的用途多么广泛！我们不需要为身体的每个部位购买专用的保养品。你可以在眼睛、嘴唇、手和脚的周围，涂上食用油达到护肤效果。以食用油来替代乳液，你可以视情况来决定使用哪种油，连油性肌肤都能从中受惠。

[1] Jamieson，《女性每天擦515种化学物在脸上和身上来美容保养》.（*Women put 515 chemicals on their face and body every day in beauty regime*）。

冷压初榨葵花籽油

- 适合各种肤质
- 散发葵花籽味
- 对易生湿疹肌肤有益
- 抗发炎
- 富含维生素 E
- 比其他食用油更快被肌肤吸收
- 好用的卸妆油
- 用在厨房烹饪：很棒的色拉酱佐料

冷压初榨椰子油

- 适合干燥、敏感脆弱、易生湿疹肌肤
- 散发椰子和夏天的味道
- 熔点在 26 摄氏度左右
- 舒缓湿疹肌肤的干痒不适
- 快速被吸收，但只停留在皮肤基底膜的上层
- 卸妆效果不好
- 用在厨房料理：适用于烘焙或一般的煎炒油炸，发烟点在 180 摄氏度左右

初榨橄榄油

- 适合干痒、脱皮、易生湿疹肌肤

- 闻起来像我最喜欢的色拉酱味道
- 抗发炎
- 促进血液循环
- 吸收比较慢
- 能渗进皮肤更深层
- 橄榄油会在皮肤表皮形成一层保护膜，是很好的护唇膏，适合在冬天保护肌肤
- 好用的按摩油
- 好用的卸妆油
- 用在厨房料理：色拉和煎炒油炸都适用（发烟点在 180 摄氏度左右）

芥菜籽油

- 适合干燥、敏感、脆弱、脱皮的肌肤
- 散发微香坚果味
- 含维生素 E、维生素 K、维生素 A 先质（Provitamin A）
- 对抗自由基，保护肌肤，具有良好的抗老化成分
- 用在厨房料理：色拉和煎炒油炸通通适用

芝麻油

- 适合血液循环不良造成的干燥肌肤
- 散发芝麻香气
- 富含维生素 E

- 吸收慢，但可渗入皮肤更深层
- 好用的按摩油
- 用在厨房料理：适用于色拉酱、煎炒油炸，或增添酱料风味

大豆色拉油

- 适合偏干性肌肤、混合性肌肤、稍油的肌肤
- 几乎无味
- 大豆色拉油会使液体乳化，所以洗完澡后，趁身体还湿润的时候涂上，会让肌肤获得最好的滋润效果
- 改善老茧
- 肌肤的吸收相对快速
- 用在厨房料理：非常适合煎炒油炸

核桃油

- 适合混合性肌肤——会干燥脱皮又会出油的肌肤
- 散发核桃味
- 非常适合脆弱的敏感性肌肤
- 富含维生素 B
- 快速被肌肤吸收，均匀扩散
- 用在厨房料理：很棒的色拉佐料

你可以混合这些护理油，综合它们的特性。我喜欢加点椰子油到我所使用的肌肤护理油中，增添芳香，但也可以只加几滴精油。茶树精油可以

修护受损肌肤，夏天使用薄荷精油可以降低皮肤表面温度，可以有效舒缓双脚的疲劳。

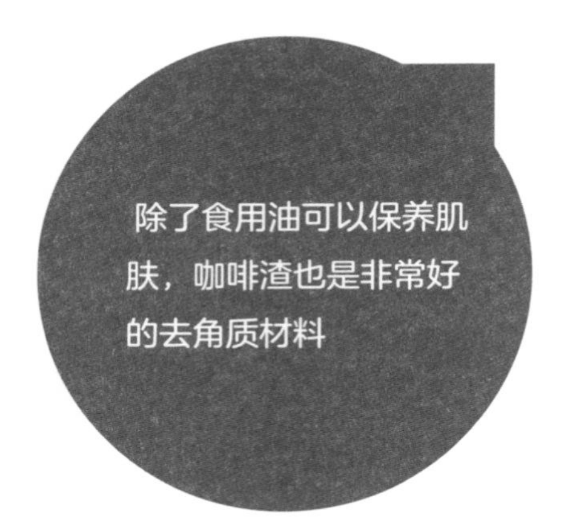

天然体香剂 DIY

以下配方皆是由德国 DIY 网络博主贾斯敏·施耐德（Jasmin Schneider，网址为 schwatzkatz.com）提供。还好，我没有汗臭味，用不上体香剂，甚至连健身的时候也用不到。但哈诺就没这么幸运了。他发誓说，下面的配方是他用过最有效的体香剂。作为他的妻子，无论是坐着、站立或睡觉与他都有亲密接触，我可以证实他所言不假。

喷雾型体香剂（制作时间：2 分钟）

材料

- 1~2 小匙小苏打
- 1/2 杯水，煮沸消毒，冷却到 49 摄氏度以下
- 一个喷雾瓶
- 8~10 滴莱姆精油或鼠尾草精油（不加精油的除臭剂效果较差！）
- 2 滴茶树油（茶树含抗菌成分）

做法

1. 把小苏打加入水中溶解。
2. 倒进喷雾瓶后，加入精油。
3. 摇一摇充分混合。
4. 使用前，摇一摇。

实用小妙招

使用时的重要提醒

你的衣服应当避免残留任何市售体香剂，因为残留的体香剂会与自制的体香剂产生化学反应！要出去残留物，你可以先把衣物浸泡在柠檬酸和温水的混合液中，再放进洗衣机里。

脸部保养 DIY

关于肌肤护理，本章前面已经说明过了，请参考145页肌肤护理的内容。这里要介绍的是脸部护理时会用到的各种DIY保养品。

保养面膜 （制作时间：2分钟）

材料

- 一大匙皂土（bentonite，又称膨润土、白奶土）或另外一种药用黏土

做法

1. 把皂土与水或茶混合。
2. 把泥膜均匀地敷在脸上、脖子上和

这种面膜拿来吓唬小小孩，效果也很棒喔！像这样：“妈咪回来了，吼——！”

- 一小匙水或甘菊茶

胸前。

3. 等干了之后，用微温的水把脸洗净。

卸妆油

（制作时间：0 分钟）

做法

1. 使用可洗式化妆棉来取代抛弃式。你可以把百分百纯棉碎布拿来缝制成化妆棉，或上零废弃生活实践者杰西．史托克的网站网购。你也可以在知名手工艺网站 Esty 找到一些。
2. 我发现葵花籽油和芥菜籽油是非常棒的卸妆油。虽然现在很风行椰子油，但那不是最好的卸妆油。
3. 如果你不是化那种超长时间也不脱妆的防水妆，使用一条简单的棉毛巾和一点卡斯提尔皂，就能卸好妆。

护唇膏

（制作时间：3 分钟）

材料

- 1 大匙椰子油
- 1/2 小匙橄榄油

做法

1. 首先熔化椰子油（熔点在 25.56 摄氏度左右）

- 1/2 小匙葵花籽油或芥菜籽油（或就以橄榄油来代替）

2. 完成后，与橄榄油、葵花籽油或芥菜籽油混合。
3. 倒入一个小容器中，静置 24 小时。

这种自制护唇膏的缺点为，温度上升到 25 摄氏度以上就会液化。但这是纯植物性护唇膏，也不含棕榈油（117 页对此有更详细的叙述）和煤油（也就是矿物油）。

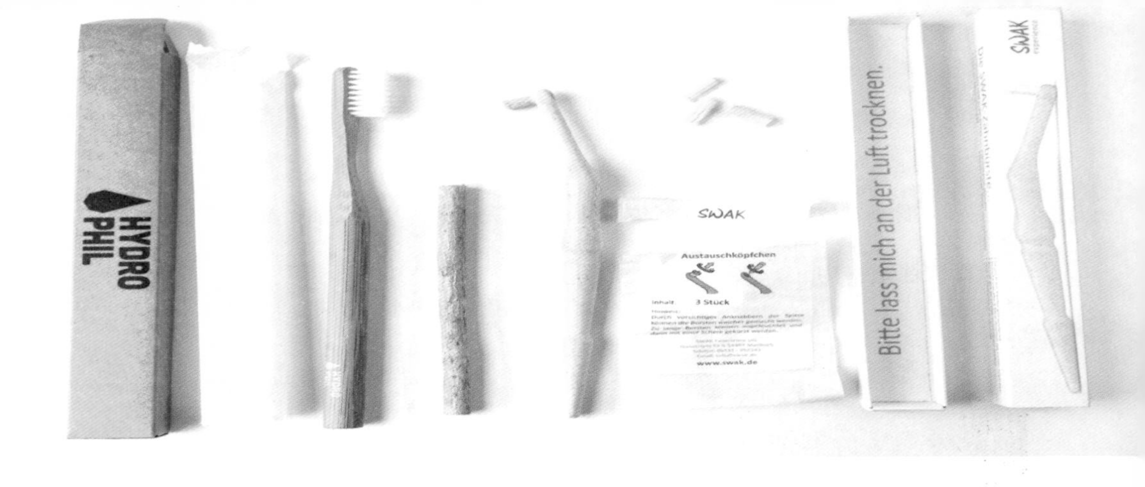

口腔卫生DIY

天然抗菌的竹牙刷

竹子不仅是生长最快速的植物之一，还含有天然抗菌成分。这使得竹子成为最理想的牙刷材料。

尽管大多数品牌宣称它们的牙刷刷毛材质，百分之百可生物降解，但它们的供应商（或许不知情）仍然在贩售含有塑料的刷毛。如果你的手边刚好有这些牙刷，可以自己测试一下：用火烧牙刷刷毛——如果味道闻起来有种恐怖的塑料味，而且烧成一团黑，你的牙刷就含有塑料。

唯一真正可生物分解的牙刷，是猪鬃所制成的刷毛。但猪鬃内部呈现空心，成了细菌理想的繁殖场所，使用时应特别注意。除此之外，我们支持购买零残忍产品（cruelty-free，指未对动物进行实验的产品）。我们最后选择使用一家洛杉矶公司竹刷（Brush with Bamboo）的牙刷产品，因为这家公司已能制造出含有最少塑料的牙刷刷毛。

如果你在住处附近找不到卖竹牙刷的商店，可以要求店家考虑进货。让你的声音被听见，你就能够带来正面改变！

纯天然、可分解的树枝牙刷

如果你愿意用开放的心态，尝试牙刷的其他选项，那么，米斯瓦克树（miswak）[1]牙刷或苦楝树（neem）[2]牙刷为百分百纯天然选择。你不必使用牙膏来刷牙，因为苦楝树和米斯瓦克树都含有保护牙齿的天然复方成分。

你可以在竹刷公司的网站BrushWithBamboo.com购买生长于佛罗里达、无塑料的苦楝树枝，但截止到目前，我还没有收过无任何塑料包装的米斯瓦克树枝牙刷。

牙膏与牙粉的替代品

市售的品牌牙膏含有种类广泛的化合物，比如表面活性剂、防腐剂、研磨剂、人工色素、乳化剂、调味香料、增稠剂、荷尔蒙干扰物质三氯沙，甚至还有微塑料。坦白说，你真的不需要这些东西来刷健康的牙齿！

---

[1] 生长于中东的一种刷牙树，能分泌一种类似牙膏的乳状物，去垢力强，可预防蛀牙。（译者注）

[2] 印度苦楝树含有抗发炎、抗细菌等成分，常被印度人拿来当作牙刷护齿。（译者注）

以下是好用的天然替代物：

小苏打

- 有些市售牙膏也含有小苏打
- 中和侵蚀牙齿的酸性物质，保护珐琅质不受损坏
- 美白牙齿，但只会低度磨损牙齿表面
- 很容易就能买到硬纸盒包装的小苏打

皂土

- 降低口腔酸性，效用很像小苏打
- 富含矿物质，却不会造成牙齿的严重磨损
- 请注意，在用皂土刷过牙后，很难完全从口中吐出，可以多漱口

木糖醇

- 一种天然甜味剂，可以抑制造成蛀牙的细菌的滋生
- 比较不容易买到无塑料包装，可以各处多找找看
- 请注意，咸小苏打混合甜木糖醇的味道，可能需要一点时间才能逐渐适应

其他成分

- 茶树精油：含有抗菌成分，有助防治牙龈发炎
- 薄荷精油：可以防止口臭
- 椰子油：含有月桂酸，具有消炎和少许杀菌功效

小苏打牙粉

（制作时间：1 分钟）

要使用时，先用湿牙刷轻轻沾一点牙粉，牙粉会沾附在牙刷上，将牙刷稍微倾斜，让剩下的干净牙粉掉回罐子里。然后像平常一样刷牙，这种牙粉不会产生泡沫。

材料

- 1 大匙小苏打
- 1 小匙木糖醇（可加可不加）

做法

1. 用搅拌机把所有材料磨成粉。
2. 倒进小玻璃罐或摇摇杯中。

实用小妙招

不伤牙齿的牙粉使用方式

为了防止小苏打、盐水，或木糖醇的结晶体磨到牙齿的珐琅质，我事先都会用食物调理机或搅拌机把他们磨成粉。

如果你家里有食物调理机或搅拌机，又担心小苏打会磨损到牙齿表面，在刷牙前，可以先把做好的牙粉含在嘴里溶解，再开始刷牙。

在欧美一些零浪费网络商店可以买到牙膏片，作用和牙粉类似，也完全不含防腐剂等化学成分。

抗菌牙膏

（制作时间：5 分钟）

材料

- 1 大匙小苏打
- 1 小匙木糖醇（可加可不加）
- 2 大匙椰子油
- 5 滴茶树精油
- 12 滴薄荷精油

做法

1. 用搅拌机把小苏打和木糖醇磨成粉。
2. 如果搅动椰子油很费力，可以稍微加热熔化。
3. 把所有材料混合。

实用小妙招

氟化物有害或者不可或缺?

- 在自来水中加氟是一个具有争议性的话题。氟化物可能会对身体和环境有害。我的牙医建议只加少量氟化物就好，还说：“剂量决定毒性。”
- 由于在美国或加拿大大部分地区的自来水都加了氟[1]，因此不一定要使用含氟的牙膏。除此之外，还有其他牙膏成分可以选择，例如木糖醇，它和氟的功效一样，都可以预防蛀牙。
- 你可以在一些健康食品店购买木糖醇，或是向大型连锁食品杂货店下单并到店取货。它最有可能用塑料包装，但整体而言，仍然减少了许多废弃物的产生。

[1] 进入 2000 年后，中国城乡居民生活用自来水也普遍加氟，以防治龋齿（俗称虫牙）等牙病。（编者注）

抗菌漱口水

（制作时间：1~2 分钟）

材料

- 1 杯水，煮沸消毒后，静置冷却到 49 摄氏度左右以下
- 1 小匙小苏打
- 5 滴茶树精油
- 5 滴薄荷精油
- 1 小匙木糖醇（可加或不加）

做法

1. 把所有材料放进一个玻璃罐或小瓶子中，摇一摇。
2. 每次使用前，记得要摇一摇。
3. 倒一大匙含在嘴巴里， 漱口 1~2 分钟。

这种自制漱口水未添加任何防腐剂，可安心使用！另外提醒一点，不要一次做好几罐，每做完一罐，请在两星期内用完。

环保牙线

就我所知，截止到目前，市面上尚未贩售任何无塑料、不带任何动物足迹的纯素牙线。你能够买到的最环保牙线就是使用硬纸壳（Eco-Dent 生产）而非塑料壳的素尼龙牙线（无法生物降解）。一家美国迈阿密公司 Dental Lace 贩售以天然蚕丝和小烛树蜡为材质的牙线，它装在一支漂亮的小玻璃瓶中，再用硬纸盒包装。它们也有可生物分解的透明玻璃纸充填包。

你也可以买到 Radius 生产的以天然蚕丝和小烛树蜡为材质的牙线（大多数健康食品店都有卖），可惜的是 Radius 的产品不是塑料壳牙线，就是愚蠢可笑的用过即丢小袋装牙线。

此外，你可以把一块蚕丝布撕开，抽出一些丝线，当作牙线使用。如果你的齿缝大小足够的话，也可以用椰子油润滑强韧的棉线，当作牙线。

刮舌器

你可以（上网）买不锈钢刮舌器，或者干脆用汤匙来刮舌。

布料手帕的妙用

手帕经常被视为既不卫生又过时落伍的东西，但这种观点站不住脚。手帕不卫生是因为用的人不卫生——你只要确定自己不会在打喷嚏时，连续好几天都用同一条手帕（或面纸）捂住嘴鼻。

手帕的颜色、样式繁多，幸好有素净的纯白手帕可以选择。

怎样清洗布料手帕

手帕很小，所以总是有空间可以与其他衣物一起放进洗衣机里洗。这也就是说它们一般是用温水而非热水来清洗。同理，我们也可以确定我们把手帕跟着白色衣物一起用热水清洗。我建议在生病期间，用热水洗手帕。

如果你没有许多白色或非常脏的衣物需要用热水清洗，只要把你的手帕放进盆子里，倒进沸水盖过手帕堆，浸泡个 15 分钟杀菌，然后再与其他衣物一起洗。

更好用的随身携带方式

就像你平日携带面巾纸一样，记住无论你去哪里，都要随身携带手帕，以备不时之需。我自己喜欢用一个小袋子装清洁的手帕，再用另外一个袋子装用过的。

挑战

今天，哪里可以买到布料手帕?

- **可持续 / 零废弃商店或网购**
- **百元商店和大型量贩店有时候会有货**

头发保养 DIY

塑料瓶装洗发水的替代品

除了市售的各式各样洗发水，你还有更多的选择。下面提到的都具有良好的清洁效果：

- **洗发皂：** 把头发和头皮打湿后抹上洗发皂，它的感觉很像洗发水。你甚至可以在大型量贩店买到洗发皂。

- **卡斯提尔肥皂：**用起来就像一般的洗发水，但一定要用醋润丝（参考149页）。
- **不用洗发水的选项：**有一些洗发方式可以让我们跟洗发水说再见。最流行的一种是小苏打加水的混合液。但我更喜欢用黑麦（也称裸麦）面粉。

用黑麦面粉洗发、去除头皮屑

我发誓，我自己采用这种纯天然洗发方法，是因为我终于可以借此去除我的头皮屑，并洁净油腻的头发。不过，黑麦面粉可能很难买到量贩包，甚至连无塑料包装都不好买。你可以到面包店碰碰运气，祝你好运！

特别注意：硬水会造成看起来像头皮屑的东西残留在头发里，不容易冲干净。看你过去习惯用的洗发水，以及你的肤质和发质而定，可能需要几星期时间适应新的洗发用品。之后，头皮就会自我调节，你的头发就不会再像之前那样很快就变得油腻。

转换到这种洗发方法后，你的头发摸起来可能像蜡一样，这是过去所使用的美发产品累积在发上的残留物所致。可惜，大多数残留物不会消除，好消息是，你可以分辨出新长出来的头发柔软又健康。

如果你和我一样有敏感性肌肤，市售洗发水和卡斯提尔肥皂很可能会让你的头皮发炎。反之，黑麦面粉不会干扰头发和肌肤的自然酸碱值平衡，而且富含维生素 B_5，具有刺激再生和抗发炎的功效。

实用小妙招

用途多多的黑麦面糊

黑麦面粉也是超好用的面膜，也可以用来当作沐浴乳使用，搅拌好的黑麦面糊，不论是当面膜敷脸，还是洗澡时代替沐浴露、肥皂，都非常好用。

黑麦面粉洗发液

（制作时间：1~2 分钟）

材料

- 打蛋器
- 1~3 大匙黑麦面粉
- 一些水

用法

1. 把头发打湿，把黑麦粉洗发液倒在头皮上，加以按摩。
2. 等个 1~2 分钟左右，再彻底冲洗干净。
3. 用苹果醋润丝（参考下页）。

做法

1. 加一点点水到黑麦面粉里，然后用打蛋器搅拌混合。
2. 搅拌到完全没有结块。
3. 加水，继续搅拌到稠度比洗发液略稀一点。

黑麦面粉洗发液不会起泡，无味，需要一点时间适应

实用小妙招

好用的干洗法——玉米淀粉！

如果你的头发颜色比较浅，可以用大支的化妆刷具或画笔，蘸取玉米淀粉，大量地涂在发根上，再用梳子把玉米淀粉梳掉。如果你的头发颜色比较深，你可能会想增加一些可可粉混合，蘸取比较少的量，涂发根上后再梳开，如此重复。

改变发质的醋润丝

（制作时间：1 分钟）

材料

- 1 大匙苹果醋或柠檬汁
- 1~2 杯水

做法

1. 把苹果醋或柠檬汁倒进（量）杯，洗澡时一起带进浴室。
2. 洗完头发后，把温水注满杯子，然后把混合液倒在发上（如果你的头发很长，可能要用上二倍的量）。
3. 等个 1~2 分钟，再用水彻底洗净。

实用小妙招

- 醋可以光滑角质层，减少头发卷曲。你的头发会立即变得柔顺光滑。
- 不要使用白醋，因为醋酸味会留在头发上。
- 如果你很喜欢自己动手作康普茶（komhucha，又称红茶或菇茶），一定会很高兴听到康普茶醋的润丝效果也非常好。切记，一定要根据康普茶醋既有的酸度来调整制作的剂量。
- 如果你的头发受损（也许是染发或烫发所致），可以把浓度加倍。用醋润丝染发，对保持染发的颜色效果特别好。

除毛用品的优质选项

刮毛是最普遍的除毛方法。这通常意味着要消耗塑料刮毛刀，和许多昂贵的塑料刮毛刀刀片。但现在不只这一种护理毛发的方法。

电动除毛刀

就和所有电动（及电子）小家电一样，生产一个电动除毛刀必须消耗大量资源。它们也需要靠电力来运转。不过，如果你能够细心保养你的电动除毛刀，可以使用一辈子。

直式剃刀

这可能是唯一的零废弃选择，因为只要把刀片磨锋利就能继续使用，永远不用更换刀片。这种传统刮毛刀的材质是完全可回收的，有些则可生物分解。

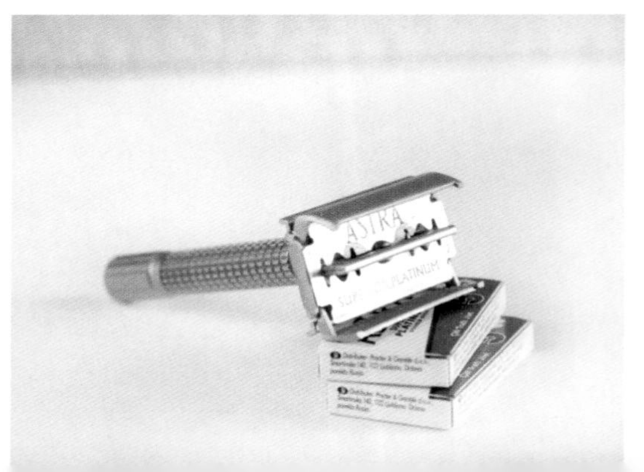

安全剃刀

这是消耗式塑料刮毛刀的传统版。这种剃刀为纯金属制品，有些厂牌（如Astra）推出完全无塑料产品，只用纸包装。

实用小妙招

用完马上擦干

刮毛后，一定要保持刀片的干燥，放置刀片生锈。一用完就把刀片擦干，明显地能让刀片使用地更长久，也能常保锋利。有一种叫蝴蝶式双开设计得刮毛刀，可以让你轻松地更换刀片。

用肥皂泡代替剃须膏

没必要使用罐装的剃须膏。只要用一块橄榄油皂和刮胡刷就行了。把刮胡刷沾湿后，快速涂抹肥皂，制造出真正的泡沫，这种泡沫温和而不伤皮肤。

蜜蜡除毛

蜜蜡除毛是一种传统的脱毛方法。你可以用糖、柠檬汁和水自制蜜蜡除毛膏。要调制到适当的黏稠度和温度，需要一些练习。

脱毛剂

脱毛剂是一种方便的除毛方法。顾名思义，使用脱毛剂和蜜蜡除毛一样痛。

一劳永逸地除毛

有几种方法可以一劳永逸除毛。最普遍的方法可能是脉冲光和激光除毛。这两种方法既不能免除痛苦也不便宜，而且要进行多次除毛疗程。如果你对它们有兴趣，在跳入之前，一定要先仔细了解一下情况，并预约好咨商时间。

Chapter 7

生理用品的另一种选择

DIY 布制卫生棉只需要
基本的缝纫技术，要不
要试着自己做看看呢？

卫生棉与棉条的潜在伤害 [1]

一个普通女性一生当中，大约使用 11 000 至 17 000 个卫生棉条或卫生棉 [2]。这买下来不仅是一笔大钱，也消耗大量资源，而且会对身体产生潜在伤害。

健康上的风险

市售卫生棉和棉条的原料大多为传统的棉花和植物纤维素。根据有机贸易协会（Organic Trade Association）的报告指出，由于棉花大量使用杀虫剂，成了农作物中污染全球环境的最大杀手 [3]。纤维素萃取自树木，令人遗憾的是，这往往导致非法盗伐林木。萃取过程又大量仰赖化学物质。换言之，卫生棉条与卫生棉含有有害物质，照理说不应该生产此类与身体敏感部位有如此亲密接触的产品。

---

[1] 本章及下一章的内容仅代表作者个人观点，其观点过于绝对和偏激，请读者鉴察。（编者注）

[2] Spinks，《抛弃式卫生棉条》（*Disposable tampons*）或 Mercola，《女性自觉》（*Women Beware*）。

[3] 有机贸易协会，《棉花与环境》（*Cotton and the Environment*），1—3。

中毒性休克症候群（Toxic Shock Syndrome,TSS）是细菌感染所致，使用棉条有可能感染这种病。严肃地讲，这种病有致死可能（虽然这种情况不是很常见）。

对环境的冲击

萃取自树木的纤维素可以用来制造纸张、卫生棉和棉条等。世界野生生物基金会（World Wildlife Fund, WWF）估计，全球有 15% 到 30% 的林木交易来自非法盗伐[1]。棉花也好不到哪里去。棉花属于高耗水作物，通常生长于干旱地区。12 立方米的灌溉水，仅能产出 450 克的棉花[2]。牛仔裤大多重约 700 克。

原物料接着会运送至世界各地做进一步加工，甚至会消耗掉更多的水、能源与其他诸多资源。过度使用化学物质也会污染环境。产品制成之后，需要加以包装才能贩售，而包装材料本身若是塑料，就是一个持久费时的制作过程——首先，必须钻探地表取得化石燃料……好了，先打住，让我们回到正题上。产品包装好之后，要运送到仓库，经过一条复杂的供应链作业后，终于进到商店，然后运抵你的家门。最后，这个经历了复杂程序的产品，只被使用了几个小时，便开始下一个旅程——前往垃圾填埋场。

---

[1] 世界野生生物基金会，《非法盗伐》（*Illegal Logging*）。

[2] 水足迹网络（*The Water Footprint Network*），《产品陈列馆》（*Product Gallery*）。

月亮杯：棉条的改良版

月亮杯（menstrual cup，一种月经量杯）是一种小型硅胶杯，卷起置入阴道中，用承接而非吸收的方式收集经血。

由于月亮杯不采吸收式设计，不会损伤阴道黏膜组织，也不会对阴道菌落有任何不良影响，可以预防中毒性休克症候群，也就是卫生棉条外盒上所警告的病症。所有月亮杯几乎都采用医疗级硅胶和乳胶制作而成。换言之，不像卫生棉条或卫生棉，月亮杯不会释出任何有害物质，可以防止发炎、霉菌性阴道炎和过敏反应。

月亮杯的售价在 15 到 40 美元间，可以使用十年[1]。

和棉条一样，置入和拿出月亮杯都需要一点练习。不过，不像棉条，月亮杯可以留在体内长达 12 小时，因此很适合在夜晚睡觉和经血量较大期间使用。把月亮杯的经血倒到马桶或水槽里，用水洗净或用卫生纸擦拭干净（如果你刚好在公厕）后，重新置入阴道中。在下一次经期来到之前，消毒后收好，一般用煮沸法消毒。

[1] 中国使用月亮杯的人也不在少数，在网络商店搜索“月亮杯”，即可获取详细的物品信息，价位不等，品牌众多。（编者注）

布制卫生棉与护垫

布制卫生棉与护垫有各种尺寸、图案和设计。我的评价就是和抛弃式一样舒适。

你可以在 Esty 和可持续性网络商店（如零废弃生活实践者史托克的在线商店）购买。这些爱心手工制作布卫生棉售价较贵，既然它们可以用上十年，长期下来，一定会为你省钱[1]。

[1] 目前布制卫生棉尚未在中国普及，只有少量的购物平台可以买到，朋友们也可以在一些网站上学习制作布制卫生棉。

Chapter 8

厕所里的零废弃

上小号和大号是每天都
会做的两件事，但我们
几乎从不去谈论它们

卷筒卫生纸之外的选择

卫生纸显然是一种抛弃式消耗品，一般都以塑料包装贩售。大多数人若不用卫生纸可能会感到不舒服。但从卫生的观点来看，卫生纸确实不是最好的选择。但我要先告诉你，可以在哪里买到无塑料卷筒卫生纸。

哪里可以买到无塑料的卷筒卫生纸

你可以到贩售办公文具、旅馆和餐厅用品的商店或网络商店，购买没有漂白的百分百再生纸卫生纸，它们一卷卷用纸材包裹。你甚至还可以向大型量贩店订购，再到指定分店取货。

在公厕要用什么来替代卷筒卫生纸

我有两小条手毛巾（hankerchief-towel），是我在东京买的，因为用手帕擦手也很常见，所以商店开始贩售这种手帕兼毛巾的两用手毛巾。其实，一条擦脸用的小毛巾也能一兼二顾。或者，你可以像哈诺一样使用手帕都没问题。

为什么我建议不要使用卫生纸？

现在，让我们回到卫生纸这个主题上。相信我，你还是可以在这个项目上响应零废弃生活。而且，不会令人觉得恶心。

事实上，这种环保做法要比用卫生纸擦拭我们所谈论的这些部位干净多了，用卫生纸擦有时候还是会擦不干净。有些卫生纸含有漂白剂和其他化学物质，而随着机械式的擦拭动作，会造成一些敏感部位发炎。据说，使用微温的水来冲洗是最卫生、也最受推荐的洁净方法。

不用卫生纸，要用什么?

我知道，那种只是想象一下上完厕所不用卫生纸的情况就感到恶心的可笑行为，早已根植于人心。如果我跟哈诺没有在日本住过一年，我们压根不会想要这样做，在日本期间，我们体会到了使用坐浴桶（bidet）的洁净程度。我的意思是，你会经常感觉是上大号后下体会如此干净，仿佛你的私密部位才刚刚被冲洗过?（它们确实是冲洗过！）

以下介绍几个清洁效果比传统卫生纸更佳的选项，当然，它们使用起来的舒适感也更好:

- **高科技版：免治马桶**

你可以选择在家中安装一个免治马桶——一种兼具水疗和促进健康的马桶设计，而不仅仅只有一个马桶座而已。最低售价在300美元左右，附有各式各样的功能，包括坐浴桶的外观，当然不仅限于此。

你可以自定义你所希望的喷射水流，来洁净敏感部位：水温、水压、角度、按摩功能、性别生理构造、前或后，等等。自定义程序完毕后，甚至还有烘干机选项，也是自定义设计。

- **低科技版：坐浴桶瓶**

坐浴桶瓶也被称为便携式（旅行）坐浴桶，是一种便宜的喷嘴塑料瓶，你可以用十美元左右网购到。把微温的水装进瓶中，然后把喷嘴对准你的臀部，开始按压。彻底洗净后，用毛巾擦干。

- **折中版：手持式坐浴桶莲蓬头**

手持式坐浴桶莲蓬头，也被当成尿布喷头（diaper sprayer）来贩售，这是一种小型莲蓬头，你可以安装在马桶水箱上。你也许可以在附近的五金店买到。

实用小妙招

上网搜索“坐浴桶喷头”（bidet sprayer）、“坐浴桶莲蓬头”（bidet showerhead）、“尿布喷头”（diaper sprayer）或“手持式坐浴桶”（handheld bidet）等关键字，就能找到相关网络商店和网络坐浴桶用的莲蓬头。

Chapter 9

衣柜里的零废弃

过分追求时尚的代价

衣服生产出来后，通常是分别装在塑料包材里，运送到店里的仓库，拆下包装后，再挂在衣架上贩售。但我之所以选择在本书中讨论时尚，有个更重要的原因，因为过分时尚可能是全球最大规模、污染也最严重的产业之一。“快时尚”以势如破竹之姿迅速席卷全世界。比起过去，如今我们生产更多、更快、也更廉价的商品，却拒绝为真实的成本付出代价。

我在这里推荐一部纪录片《时尚代价》（*True Cost*, 2015），有助你对这个议题有更深的反思。

仔细思考一下，既然衣服通常都采无包装贩售，
我们为什么还要谈论衣服与时尚呢？

大多数人都知道时尚产业劣迹斑斑，知道雇用童工依旧是该产业的常态而非例外[1]。然而，每次我们在店里看到一定要买的鞋子时，这些丑闻便

[1] 欧洲、北美等资本主义国家和东南亚、中亚等发展较为滞后的地区曾屡屡爆出纺织行业雇佣童工的丑闻；中国对雇佣童工者的处罚很重，这种事件鲜有发生。（编者注）

从我们心里悄然溜走。这就是人性。毕竟，在地球另一头的悲惨情况，不是我们日常生活的一部分。但这不表示它的真实性会因此而稍减丝毫。

令人遗憾的是，衣服含有有害物质也是常态而非例外。是的，童装也不例外，你仔细想想就知道，这样的结论完全是合情合理。今天，我们身上所穿的衣服绝大多数都是合成纤维制品，这通常意味着它们就是塑料织品。因此，所有你在塑料里所发现到的令人厌恶的有害物质：双酚 A、磷苯二甲酸酯、阻燃剂，等等，也能在衣服里找到，这是理所当然的。

传统棉花的问题也不遑多让，因为棉花是全球施用最多杀虫剂的农作物。而且棉花是高耗水作物，耗水量高踞前茅：根据水足迹网络的研究报告指出，全球平均而言，用 4500 升的水灌溉棉花，只能产出一磅的棉花，在印度甚至需要耗水超过 9000 升[1]。然而，棉花普遍生长于干旱地区，只要人们继续用棉花制作衣服，这样的资源耗损就无法避免。

[1] 水足迹网络，《产品陈列馆》。

找到你的平衡点

不知什么原因，塞爆的衣柜已经成为当代文化的一部分。我还没有过零废弃生活的时候，自以为衣柜里的衣服很少，但我后来轻而易举就减量了 80% 的衣物！在这样的文化熏陶下，我们被灌输相信，我们的衣柜永远有空间可以再多容纳一件衣服。你可能已经猜到我要表达什么了：少即是多。

胶囊衣橱收纳法

你可以在一些优质的女性白领上班族网站上找到许多传授胶囊衣橱（capsule wardrobe）[1] 穿搭术的内容。我就不在这里详述了，因为我觉得你的衣柜内容完全取决于你的个人风格和喜好。

我不管其他人会怎么想，我已经把所有正式场合要穿的服装、礼服、衬衫和高跟鞋全都清掉了，但仍保留了蝙蝠侠 T 恤和经典电玩“太空入侵者”图案的袜子，这也许与你的个人服装偏好不全然一样。

---

[1] 伦敦古董收藏家 Susie Faux 于 20 世纪 70 年代所提出。胶囊衣橱的概念就是极简化自己的衣柜，只保留一些必备的经典款，用它们来穿搭出多种不同的搭配，也称极简主义衣橱。（译者注）

尽责地清理衣物

你随时可以在车库拍卖、分类广告网站 Craigslist 或是 Ebay 卖出你的衣服。交换衣服派对则是另一个非常好玩又有趣的选择。脸书的地区社团也是另一个可以分送或交换东西的管道，还能支持你所在的本地社区。

如果你决定捐赠衣服，请确定你要捐赠的组织不会把其中任何一件衣服转卖给经济不发达的国家，这反而会破坏当地的纺织品市场。一些经济落后的国家已经明令禁止捐赠衣物进口，来保护本国的相关产业。所以，在捐赠衣物之前，请先打电话给属意的机构或公益二手商店的义工，征询他此外，也要事先打电话给你有意捐赠的收容所。它们不一定有很大的空间来存放受捐赠的物品，而且它们最缺乏的往往不是衣服，而是居家用品和护理用品。

购买可持续产品

想到这事就令人难过，但基本上你在本地商店或大型购物中心所能买到的衣服，既不永续，也会对身体产生潜在危害。如何防止浪费那些已用于生产衣服的资源，购买二手货是很好的选择。

二手衣物因为已经洗过了好几回，所含的有害化学物质自然少了许多。购买符合道德、公平贸易认证的有机衣物，有助于支持那些正试图建立一个更好的产业规范，来改变制衣行业的企业。

Chapter 10

废纸堆里的零废弃

没错，废纸确实不像废塑料那样危害严重，但这并不表示废纸就对环境“有益”

从五方面开始减少纸类垃圾

生产纸就要砍树。据估计，全球有15%到30%的林木交易来自非法盗伐[1]。接下来，林木需要用化学物质来加工，并要消耗大量的水。你知道吗，生产一张纸要用掉一桶水[2]。纸张到寿终正寝时，确实可以回收，通常可以回收再利用五到七次[3]。但是，可回收和真正地被回收再利用是两码事。我们就以纸盘和比萨纸盒为例：它们在物尽其用后，因为太油太脏无法回收再利用，不过，它们还是可以做成堆肥。然而，免洗餐具就没那么好运了，它们几乎总是被当作垃圾直接丢弃。这是为什么呢？我们使用免洗餐具是出于方便，那么，要你用完餐后“一定”要把它们拿去做堆肥，这样你觉得方便吗？不是很方便，对吧！

---

[1] 世界野生生物基金会，《非法盗伐》。

[2] Rep，《从森林到纸张，水足迹的故事》（*From forest to paper, the story of our water footprint*），12。

[3] GD Environmental，《你可以回收再利用A多少次……》（*How Many Times Can You Recycle A…*）。

广告传单

如果你住在加拿大，轻而易举就能帮助减少 80% 的广告传单，只要你在信箱上贴上“谢绝广告传单”的告示。但在美国，事情就有些复杂了，因为在美国不像一些国家有相关立法，例如在德国，如果你已经在你房子外面的信箱上贴上谢绝的告示，但还是收到广告传单，可以把散发广告传

挑战

减少广告传单的方法

- 继续在信箱贴上“谢绝广告传单”的贴纸。这无异于一份正式的“退回寄件者”声明，但不是每一个投递员都会尊重你的意愿。
- 进到直效行销协会（Direct Marking Association，DMA）的消费者网站 DMAchoice.org，把你的名字从邮寄名单中删除。
- 非营利组织 CatalogChoice.org 可以协助你摆脱广告传单的纠缠。
- 如果你不想收到信用卡和保险公司寄出的优惠方案申请邮件，可以进到网站 OptOutPrescreen.com 勾选“拒收”（open out）。
- 如果你不想收到不请自来的黄页电话簿，可以进到网站 YelloPagesOptOut.com 勾选“拒收”（open out）。
- 应用程式 PaperParma 可以替你封锁广告传单。

单的公司告上法院。每次你收到不请自来的广告传单，就打电话给信件派送方投诉你的不满，可以进一步提升你的成功率。对投递员保持和颜悦色并感谢他的协助，也会有帮助。

但是，即使你做了上述所有主动表明拒收广告传单的勾选动作，恐怕你还是会收到上面有你地址的广告传单。就和大多数事情一样，预防胜于治疗。除非真有必要，否则不要交出你的个人资料。商家的优惠卡、抽奖活动和产品保固卡这些东西，其实就是要收集你的个人信息，这些店家或公司才能寄广告传单给你。

杂志

有些事物即使从我们的生活中离开，我们也不会有任何损失，杂志就是其中之一。不过，如果你还是想继续阅读杂志，Readly 是类似音乐串流平台 Spotify 或影视串流平台 Netflix 的在线杂志平台，只要支付少许月费就能看到饱，随意阅读上千本杂志[1]。

---

[1] 中国有许多电子书平台都提供大量的电子杂志。（编者注）

账单与银行对账单

今天，电子账单以及银行和信用卡对账单已经非常普遍。网络银行也使我们的生活变得比以前更加方便。好好善用这项电子服务。

报纸

没有任何事物比昨日的新闻更老朽了。不妨想象每一天报纸所制造的废纸数量！它们不是只有纸张而已——你知道吗，报纸常常成打成打用塑料套打包！

挑战

减少报纸垃圾的方法

- 多数报纸喜爱者乃都有网络版或手机 APP，而且只订阅电子报比传统报纸的费用更便宜。
- 找家人或邻居共订一份报纸，可以减少制造废纸。通常，办公室里都会有报纸，如果你是一位上班族，何不直接看办公室报纸?
- 我自己则偏好在手机上阅读当天的新闻，比起看实体报纸，我觉得这要方便多了。

影印和打印

这里提供一些建议，对于减少纸类垃圾与废纸的产生，有明显的帮助。这些事情都很容易做到，却能造成很好的影响！

- **使用百分之百的再生纸**

很可惜，几乎没有一间办公室、一所学校或大学使用百分之百的再生纸打印。你可以在办公文具用品店购买自己使用的再生纸。如果你是学生，可以跟学校或就读大学建议使用再生纸。如果你是上班族，设法说服管理公司文具用品的同事换用再生纸。一般而言，成功概率很小，尽心就好嘛。

如果你自己就是老板，那就太好了！你自己就可以拍板定案。愿原力与你同在（May the force be with you，电影《星球大战》的经典对白）！

堆积在家中角落的废纸，不但不环保，也破坏视觉上的美观。图片来源：Daniel Voelsen

- **数字化**

今天，在纸上书写、记录一切事情的行为正在消逝中[至少就我身为数位游牧族（digital nomad）[1]的浅见来看是如此]。今天，你可以用自己的智能手机扫描文件，将它储存于云端空间，就能随时随地同步存取档案。我自己喜欢借助搜索框，直接在线搜寻文件，而不必翻箱倒柜翻找实体文件档案。

- **双面打印**

把两页内容印在一页上，而且双面都要打印。如此一来，相同的一张纸你得到的是四倍的信息量。

[1] 指的是逐水草而居的数位工作者，就是一群只要能上网就可以在世界各地上班的人。（编者注）

● 重复使用后再回收利用

我看到许多人只用一张纸的一页写笔记，另一页则任其空白。只要两页都使用，你就为减少一半树木消耗量做了贡献！做起来其实不是太困难，对吧？

Chapter 11

垃圾的真相

对于垃圾处理与资源回收，有许多事情是我们需要关注与深入了解的

你可能不知道的七个事实

在开始零废弃生活之后，我对垃圾与资源回收有了更深入的认识。我发现，很多信息和我以前的认知有很大差异。如果你想转换入零废弃生活，重新理解关于垃圾与回收的这些事，是非常重要的。

可回收并不表示真的会被回收再利用

塑料的回收再利用是个复杂的问题。无论一件塑料制品是否为可回收，它的回收再利用都要考虑到多项因素：在当地，是否有这方面的塑料相关需求？是否黏附于其他材料或者只是另一种塑料品？上面贴有贴纸吗？回收的塑料品有多小？

发票上的涂剂会对健康产生危害

发票不应该被回收，因为发票的材质是感热纸，本身含有高剂量的双酚 A，会危害我们的健康，也会污染水、土壤和再生纸制品。

号称可回收的饮料纸盒，其实很难回收再利用

饮料纸盒号称百分之百可回收。但真相是，它们很难回收再利用——这也是为什么它们多半未被回收再利用。这些纸盒是由九层纸层所制成，层层紧密黏合到难以分开，需要特殊设备才能回收处理饮料纸盒。

家中的堆肥器并不能分解塑料袋

有些塑料袋号称是可分解成堆肥的，但一般只有商业堆肥场才能把这类材料做成堆肥，不是你家后院的堆肥器能做到的。

不是所有玻璃都能回收

窗玻璃、画框玻璃和眼镜有不同的熔点，不在可回收玻璃里。它们与其他玻璃夹杂回收再利用，会让一整批玻璃都报销。

废弃物管理是一种后勤作业复杂又昂贵的系统

废弃物管理是一种行业，不是靠爱地球的力量来运作。说到底，它就是一门生意，需要高度专门化的车辆、垃圾桶、大型垃圾箱和设施。光是生产这些东西就会消耗掉大量资源。车辆需要补充燃料在全国各地收集垃

圾和运送可回收物品。设施需要配备人员，机器才得以启动运转。这全是因为我们执迷不悟，把珍贵资源变成了问题。

回收再利用并非循环不息!

回收再利用需要消耗许多能源、水，以及常常会造成污染的有疑虑化学物质。零废弃生活实践者及博客 TreadingMyOwenPath.com 博主琳赛·迈尔斯（Lindsay Miles）便一针见血道出个中精义：“回收再利用是很好的起点，但以此为终点就不妙了。”

用旧报纸折成垃圾袋

旧报纸再利用，依下列步骤折成垃圾袋，可以直接拿来装垃圾、厨余，也可以当成套在垃圾桶里的替换袋。

旧报纸再利用

过期报纸是不少人家中都会有的东西，不妨把这些旧报纸回收再利用，折成垃圾袋来使用。当然，超级零废弃实践者也许再也用不上垃圾袋（或套在垃圾桶里的袋子），因为如果你家中连垃圾桶都没有，当然也不需要垃圾袋了。但并不是每个人都想要做得这么彻底。如果你不是完全零废弃俱乐部的一员，不是只坚持用水冲洗装有机废弃物的垃圾桶，用报纸折成的垃圾袋随时可以派上用场，拿来装有机垃圾。依照前页分享的方法，立刻开始制作吧！

升级回收：把厨余化成堆肥

如果你居住的城市或乡镇提供沿街收运可做堆肥的垃圾服务，你实在是太幸运了！如果没有，而是你必须带着自己的有机垃圾到收集定点，虽然有点不便，但还是可行的。

若是后者，你可能会出于方便而考虑固态化你的有机垃圾。在家做堆肥，然后用在自家院子，永远是最永续的选择，因为不会产生运输污染排放物。把厨余化成堆肥经常被称为“升级回收”，因为这种做法把废弃物转换成比原来更有价值的东西。

如果你家有庭院，一个简单的堆肥堆也许就能做到升级回收。除了厨余，庭院的垃圾也能化成堆肥堆，省下清理车库或车棚垃圾的麻烦，记得要在收运堆肥的时间拿出去。

不过，如果你和我们一样住在公寓，还是可以做堆肥。甚至连阳台都可以免了！我们住在商业区的一间小公寓里，这样的居住形态哪有空间做堆肥呢？对此，我很得意地说：“我们养蚯蚓！”正确来说，是满箱子的蚯蚓。我们的蚯蚓箱就放在厨房，是我们这些上千条蠕动朋友的家。它们住在箱子里，吃我们的厨余、毛发和指甲屑，把它们转换成“蚯蚓便便”（worm casting），这是一种上好肥料。

此外，熟食、肉类、乳制品、洋葱、香蕉皮和柑橘类果皮，不要放进蚯蚓箱，

可用发酵桶取而代之，来处理不适合蚯蚓箱的堆肥作业。发酵桶会使有机物发酵，这些发酵后的有机物可以拿来喂食蚯蚓，或是直接拿到自家庭院施肥。

挑战

不用担心蚯蚓吓到人

不像一般的厨房垃圾桶，蚯蚓箱的堆肥过程不会散发臭味，所以你不必担心会闻到任何恶臭。你也不用担心蚯蚓会爬出箱子。这个箱子就是蚯蚓们的天堂，除非箱子出现严重问题，否则你的这些小朋友们一点都不渴望逃离舒适的家。

生活中的零废弃选择清单

饮食烹饪

原本的习惯	零废弃的选择
铝箔和塑料包材（保鲜食物）	碗盘、茶巾或蜂蜡布
铝箔和塑料包材（食物提袋）	可重复使用的食物容器或茶巾，来装墨西哥卷饼或三明治
蜡纸 / 烘焙纸	先涂油脂润滑烤盘，再撒上一层轻薄面粉，或是使用可重复使用的不沾黏烤盘垫
外带杯	用玻璃罐装冷饮或随行杯装热饮（或直接用袜套包住玻璃罐）
保冰袋	把冷冻食物装在螺旋罐、可重复使用的食物容器或硅胶保冰袋
铝箔和塑料包材（食物提袋）	可重复使用的食物容器或茶巾，来装墨西哥卷饼或三明治
蜡纸 / 烘焙纸	先涂油脂润滑烤盘，再撒上一层轻薄面粉，或是使用可重复使用的不沾黏烤盘垫
外带杯	用玻璃罐装冷饮或随行杯装热饮（或直接用袜套包住玻璃罐）
玛芬和杯子蛋糕用纸杯	先用油润滑玛芬烤模或小茶杯，再撒上一层面粉，或用可重复使用的硅胶模
蔬果用塑料袋	网袋，如洗衣袋、蔬果用布袋

续表

原本的习惯	零废弃的选择
餐巾纸	餐巾布或手帕
包装好的面包	用干净购物布袋到面包店买面包
烤肉叉子	可重复使用的不锈钢烤肉叉子
塑料吸管	可重复使用的不锈钢吸管
免洗餐具	自备可重复使用的食物容器到你最喜爱的餐厅
茶包、一次性滤茶袋	滤茶器（网）、法式滤压壶
蔬菜削皮器	有机蔬果和一支龙舌兰或椰子纤维刷毛木刷
储存食物的塑料容器	广口瓶或腌渍玻璃罐

家事清洁

原本的习惯	零废弃的选择
清洁用品	万能清洁剂（参考 104 页）
抹布（清洁用）	一片旧布和某种万能清洁剂
擦布（身体护理用）	一条湿毛巾
大卷筒纸、超细纤维布	百分百纯棉或竹纤维旧布（可以裁剪旧毛巾，或把旧衬衫裁剪至适合大小后缝制）
垃圾桶套袋	用旧报纸摺纸套袋（参考 188 页），或用水冲洗就好
塑料清洁刷	木制的龙舌兰或椰子纤维刷毛清洁刷
海绵	百分百天然纤维旧布，木制清洁刷
表面抛光剂，不锈钢材质清洁剂	铜或不锈钢材质菜瓜布，木制椰子纤维刷毛洗锅刷
洗衣粉	自制洗衣粉(配方参考 114 页)，马栗洗衣粉(做法参考 120 页)
衣物柔软精	自制柔软精（配方参考 115 页）
洗碗精	自制洗碗剂（配方参考 109 页）
洗碗机专用清洁剂	自制洗碗机专用清洁剂（配方参考 111 页）
塑胶扫把	继续使用你的旧扫把没问题，但如果你打算换 支无塑料扫把，考虑高粱扫把，或自制树枝扫把
畚箕	继续使用你的畚箕没问题，但如果你打算换支无塑料的，可以选择金属材质畚箕

身体保养

原本的习惯	零废弃的选择
体香剂	自制体香剂（配方参考 131 页）
沐浴露	无棕榈油卡斯提尔皂
身体或脸部的去角质磨砂膏	丝瓜络，咖啡渣
洗手液	无棕榈油卡斯提尔皂
洗面乳	无棕榈油卡斯提尔皂
洗发水	洗发皂，无棕榈油卡斯提尔皂或黑麦面粉（配 方参考 148 页）并用醋润丝
润丝精	用醋润丝（配方参考 149 页）
润肤乳液	食用油（参考 126 页）
护唇膏	自制护唇膏（配方参考 134 页）
卸妆油	食用油（参考 134 页）
化妆棉	可洗式化妆棉和食用油
指甲刷	天然纤维刷毛木刷
塑料刮毛刀	电动除毛刀，纸包刀片的传统安全刮毛刀，永 久除毛等
刮胡膏	无棕榈油卡斯提尔皂加刮胡刷
化妆棉	可洗式化妆棉和食用油
日抛或月抛隐形眼镜	眼镜，硬式隐形眼镜，激光手术
卫生棉，护垫	布制卫生棉与护垫
棉条	月亮杯
面纸	手帕
卫生纸，湿纸巾	坐浴桶 / 免治马桶和毛巾（参考 163 页）
棉花棒	把异物伸进耳朵，其实不好！如果你还是坚持，使用竹耳勺或金属制挖耳棒
塑料牙刷	竹牙刷，米斯瓦克或苦楝树枝牙刷
牙膏	自制牙膏或牙粉（配方参考 138、139 页）
漱口水	自制漱口水（配方参考 141 页）
牙线	纯素牙线（但不是无塑料），可生物分解蚕丝牙线（参考 142 页）

文具用品

原本的习惯	零废弃的选择
写信	打电话或写 email
影印纸	百分百再生纸
信封	重复使用，用废纸自制信封装私人信件或卡片
自动铅笔，一般铅笔外涂一层薄漆	原木铅笔加铅笔延长器
彩色笔（毡尖笔）	原木彩色铅笔
原子笔	可填充卡式墨水管钢笔
荧光笔	原木荧光铅笔
笔记本	把信封拿来废物利用，以及纸张背面也不浪费
封箱胶带	天然黄麻绳
橡皮擦	天然橡胶橡皮擦
活页夹	再生纸活页夹
订书机	回形针

后记

更多零废弃的启发

零废弃的重点，不该在于你的垃圾量是否可以缩减到一个玻璃罐，在我看来，这部分是被过分高估了。零废弃应当是尽可能多选择更加永续，甚或是最永续的选项。零废弃是做出更好的选择以及培养更多永续性习惯；零废弃也关乎以仁慈对待别人和自己。

我鼓励你参与零废弃方面的对话，以及参与这个卓越不凡的社群！下面是我最喜欢的一些零废弃内容创作者：

- Kathryn Kellogg goingzerowaste.com
- Lindsay Miles treadingmyownpath.com
- Christine Liu snapshotsofsimplicity.com
- Erin Rhodes therogueginger.com
- Ariana Roberts paris-to-go.com
- Anne-Marie Bonneau zerowastechef.com
- Gittemary Johansen gittemary.com 和 youtube 影音频道 gittemary
- Imogen Lucas 的 youtube 影音频道 sustainably vegan

零废弃清单中，若没有下面这两位了不起的女士，就称不上完整！她们两人是第一代零废弃先驱，分别是：

- Béa Johnson zerowastehome.com[1]
- Lauren Singer trashisfortossers.com[2]

“零废弃博客网络”（zerowastebloggersnetwork.com）搜罗了来自世界各地零废弃博客的最详尽名单，可以上去浏览。如果你想担任义工，可以考虑参加这个草根性的非营利组织 bezero.org。

把你的爱分享出去，记得要去支持所有这些了不起的博客，他们全心付出，分享自己的经验、智慧、DIY 配方，还有令人捧腹大笑的有趣故事！

---

[1]《纽约时报》称贝亚·强森为“零废弃生活教母”，台湾地区出版了她的著作《我家没垃圾》。（译者注）

[2] 罗伦·辛格，定居纽约的年轻女孩，致力零废弃生活，博客的意思便是“垃圾是给无用之人”，也自创品牌贩售环保用品。（译者注）

致谢

首先，我要感谢零废弃社群，他们实在是太棒、太有创意了。作为一名博客内容创作者，我已经习惯把自己还不成熟的想法公开在自己的博客里，然后获得立即的反响。所以，老实说写一本书让我感到有些惶惶不安。

如果没有我的前一个烘焙部落格的读者们的支持，我可能从来不会考虑要成为一个素食主义者（后来成为纯素主义者）。如果没有我的爱地球社群媒体的关注者们对我的蚯蚓堆肥箱、环保布袋和利用过期面包等内容投以极大的关注和热情，我可能中途就放弃了。我喜欢成为这种共享智慧社群的一分子，每天可以从每个人身上学到许多东西。

后来，我获得出版社的邀约。出书可能会浪费纸和其他珍贵资源，也没有留言板和在线讯息通知。但是，基于写作一本书可以弥补那些我在网络上写的内容传播不到其他读者手上的情况，我深吸一口气后，答应了出书的邀约。

本书最初是以德文书写，2016 年 6 月于德国出版，事实证明我的担心是多余的。老实说，我被震撼到了。我从各种管道获得无以数计的热烈回响，人们毫不犹豫地提出他们的问题、与我分享他们的故事，或者只是与我交流他们的看法！我非常感激有机会能对这个我从中受惠良多的社群，有所贡献。

英文不是我的母语，如果没有我的朋友埃斯特·拉齐洛（Eszter Lazlo，他是生态迷也是编辑），我自己是做不好的——非常谢谢你！

我也要给加州这位令人惊叹的零废弃博主凯萨琳·凯洛格（Kathryn Kellogg，goingzerowaste.com）一个大大的感谢拥抱，她协助我本书的本土化，而且很有耐心地忍受我的一连串问题清单和极为任性的唠叨。

我衷心祝愿这本书能成为众多零废弃书籍里的一本，以及每个公共图书馆都设有零废弃专区的梦想早日实现！